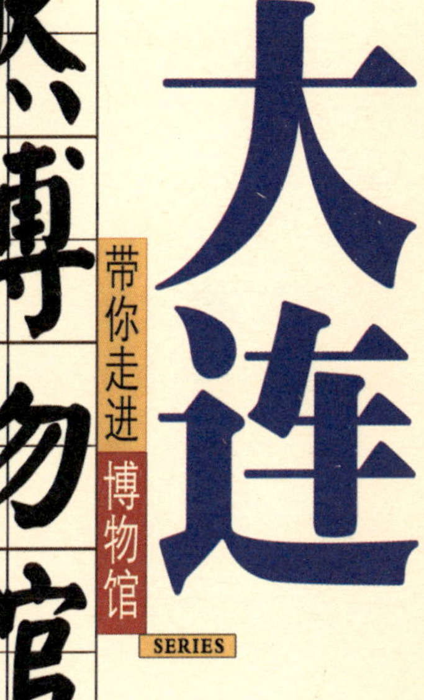

大连自然博物馆

Dalian Natural History Museum

带你走进博物馆 SERIES

孟庆金 编著

文物出版社

赠　言

未成年人将要承担中华民族伟大复兴的重任。关心未成年人的健康成长，关心他们的思想道德的建设是我们每个人的责任。各类博物馆不仅是展示我国和世界优秀历史文化的场所，也是未成年人学习知识、培养情操的第二课堂。

让这套丛书带你走进博物馆，让博物馆伴随你成长。

国家文物局局长　单霁翔

2004年12月9日

带你走进 大連自然博物館

目　　录　Contents

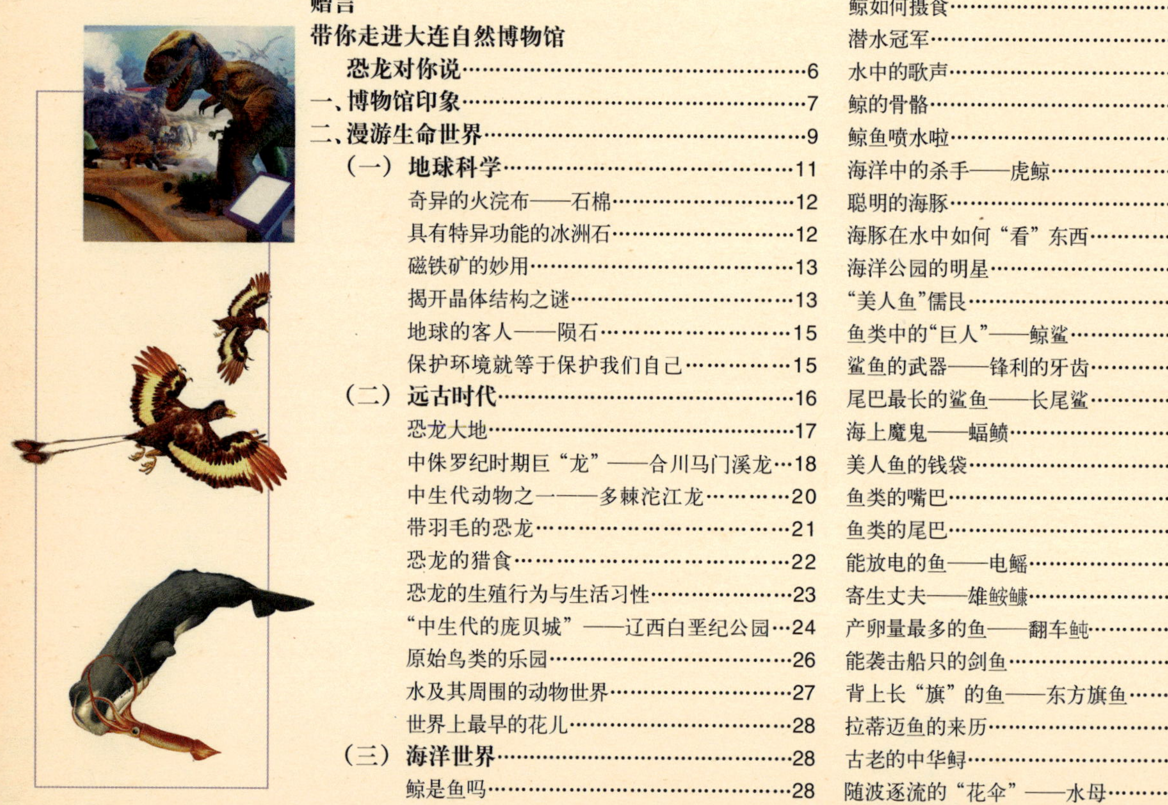

大連自然博物館

恐龙对你说

大家好！

我是鹦鹉嘴龙，生于中生代白垩纪，老家在中国东北，我已经在地下呆了大约1亿3千万年。我出生的时候，地球已经45亿岁了，当时的海洋、陆地和天空都是爬行动物的天下，我的同类主宰着世界。今天，恐龙已经灭绝了，地球这个大家庭中，肯定还会有很多的变化，我一定要好好地看一看。

这次，我要和我的好朋友小海豚一起漫游生命世界。

对了，你知道吗？小海豚可是个知识渊博的"小博士"，他不仅熟知海洋，而且能通古论今，无事不知，一点儿也不亚于现在的网络世界。所以，有他和我在一起，我们一定会知道很多很多鲜为人知的故事。

让小海豚带着我们一起穿越时空隧道，去遨游充满着神奇色彩的生命世界吧！

一、博物馆印象

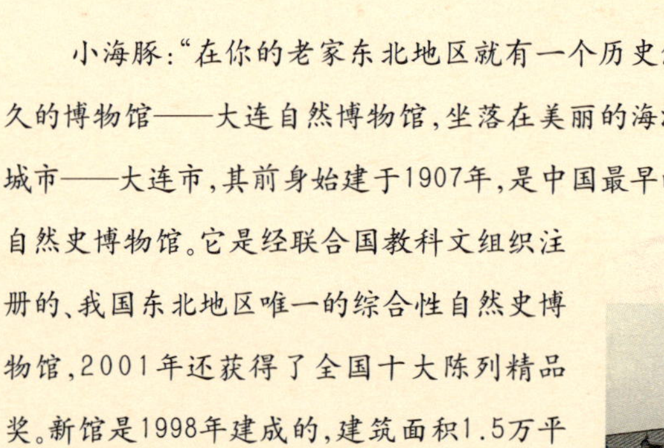

小海豚:“在你的老家东北地区就有一个历史悠久的博物馆——大连自然博物馆,坐落在美丽的海滨城市——大连市,其前身始建于1907年,是中国最早的自然史博物馆。它是经联合国教科文组织注册的、我国东北地区唯一的综合性自然史博物馆,2001年还获得了全国十大陈列精品奖。新馆是1998年建成的,建筑面积1.5万平方米,还是中国唯一拥有27万平方米海域的博物馆呢!”

大连自然博物馆旧馆

大连自然博物馆新馆建筑及环境

鹦鹉嘴龙:“那它一定很有名了?那里一定是生物的家园吧。能见到我的同类吗?”

小海豚:“那里居住着近20万个生物,不仅有你的兄弟姐妹和你的前辈,还有现在的生物,最有特点的是海洋生物和古生物化石。”

鹦鹉嘴龙:“那一定很好玩了!”

小海豚:“是的,现在的博物馆已经发生了翻天覆地的变化,不像以前,只注重收藏和研究,现在更注重展示和教育。博物馆已经成为人们休闲的场所了,还有一些可以动手参与的项目,你一定要亲自体验一下啊!”

二、漫游生命世界

鹦鹉嘴龙:“棒极了!快带我去看看吧!”

小海豚带着鹦鹉嘴龙开始漫游生命世界。他们看到了什么?遇到了谁?听到了哪些神奇的故事?你想知道吗?

太阳系

太阳

太阳系是由一个中央恒星(太阳)和沿轨道绕太阳运行的诸天体构成的。这些天体包括九大行星和它们的61个已知的卫星、小行星、彗星和流星体。太阳系也包括行星际气体和尘埃。大多数行星分为两类:靠近太阳的四个岩质行星(水星、金星、地球和火星)又称类地行星;离太阳较远的四个行星——气性巨行星(木星、土星、天王星和海王星)又称类木行星。冥王星不属这两类,它很小,很坚固,处于冰冻状态。除了短时间在海王星的轨道以内经过时以外,它是离太阳系中心最远的行星。在岩质行星和气质行星之间有一个小行星带,它包含了数以千计沿轨道绕太阳运转的大块岩石。太阳系中大多数天体都在按椭圆轨道绕太阳运行。这些椭圆轨道都位于沿太阳赤道的一个薄盘之内。所有行星都沿同一方向(当从上面看时为逆时针方向)绕太阳转动,并且除了金星、天王星和冥王星外的所有行星也在沿这一方向绕自己的轴自转。

I.行星轨道

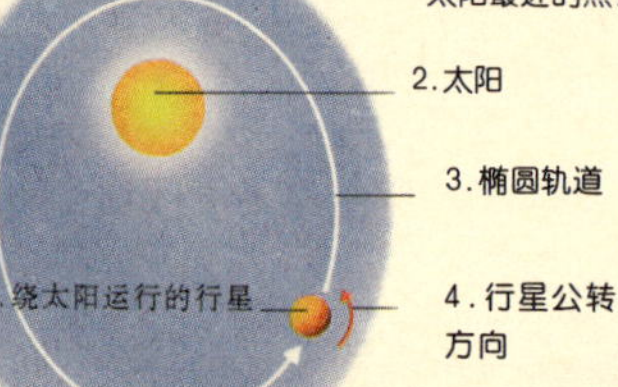

III.[小行星]带外行星的轨道

25.海王星的远日点:45.37亿公里

26.冥王星的远日点:73.75亿公里

30.海王星平均轨道速度 5.43 公里/

32.天王星远日 30.04 亿公

36

II.[小行星]带内行星的轨道

9.水星的近日点:10.459亿公里
10.水星
8.金星的近日点:1.074亿公里
11.金星的平均轨道速度:35.03公里/秒
7.地球的近日点:1.47亿公里
12.水星的平均轨道速度:47.89公里/秒
13.地球的平均轨道速度:29.79公里/秒
14.火星的平均轨道速度:24.13公里/秒
15.火星
24.火星的近日点:2.067亿公里
23.地球
22.金星
21.太阳
20.水星的远日点:0.697亿公里
19.金星的远日点:1.09亿公里
16.小行星带
18.地球的远日点:1.52亿公里
17.火星的远日点:2.49亿公里

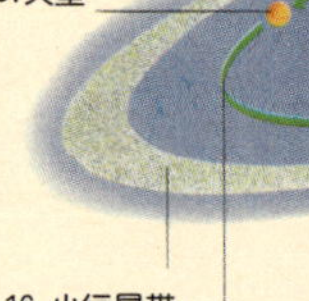
水星
年:87.97个地球日
质量:0.06个地球质量
直径:4,878公里

金星
年:224.7个地球日
质量:0.81个地球质量
直径:12,103公里

地球
年:365.26天
质量:1个地球质量
直径:12,756公里

火星
年:1.88个地球年
质量:0.11个地球质量
直径:6,786公里

水星
年:11.86个地球年
质量:317.94个地球质量
直径:142,984公里

土星
年:29.46个地球
质量:95.18个地
直径:120,536公

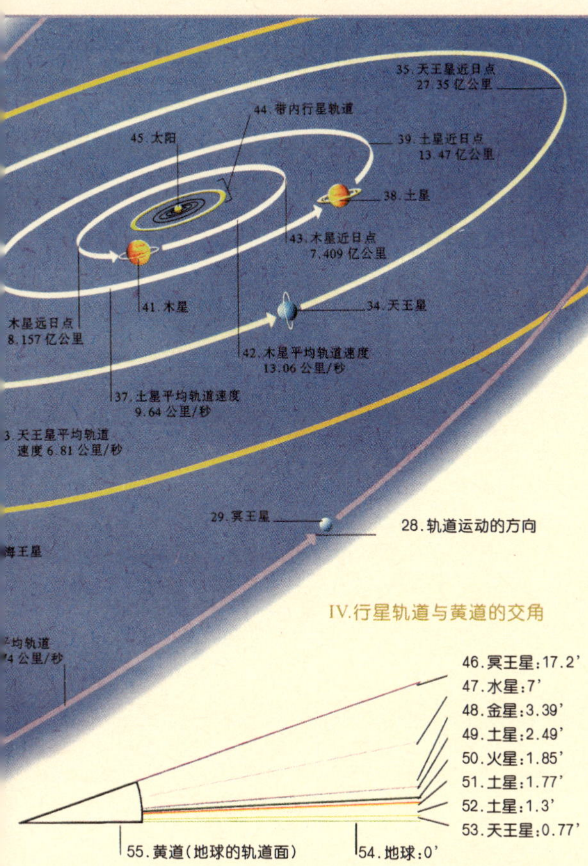

天王星
年:84.01个地球年
质量:14.54个地球质量
直径:51,118公里

海王星
年:164.79个地球年
质量:17.14个地球质量
直径:49,528公里

冥王星
年:248.54个地球年
质量:0.0022个地球质量
直径:2,300公里

(一) 地球科学

地球是已知宇宙中唯一有生命的星球，她给我们提供了优美的自然环境和丰富的资源，我们的命运与地球息息相关。

资料库

地球至今有46亿年的历史，科学家们在38亿年前的沉积岩中发现了有机物，又在35亿年前的地层中发现了有生命存在的化石。蓝藻出现在30亿年前，真核生物藻类出现在16亿年前。大约在6亿到2亿年前，生物爬上陆地。恐龙出现在约2亿多年前。而人类的诞生，则是几百万年前的事情。

你知道吗？

如果把地球46亿的年龄看成一天，那么人类的历史，仅仅发生在一天结束前的最后2分钟内。

大连自然博物馆的地球展厅，用“沧海明珠”、“大地沧桑”、“地下宝藏”、“人地和谐”四部分，向你介绍了我们这个“家”的一些情况。

地球展厅

奇异的火浣布——石棉

传说，西周时期，周穆王征讨西戎取得胜利后，西戎王为了求和，就向周穆王进贡了两件稀世珍宝：一种叫“锟铻剑”，一种叫“火浣布”。“火浣布”的特点是不用水而用火来洗浣，只要把这种布投入火中焚烧，然后取出来抖动一下，布便立刻变得洁白如雪了。这种令古人迷惑不解的“火浣布”，实际上就是由石棉矿物纺织而成的石棉布。

小词典

石棉是一种天然的具有棉花般纤维结构的矿物，它分为两大类：温石棉和蓝石棉。温石棉可抵抗1500℃的高温。由于石棉具有良好的耐高温、耐酸碱及绝缘等性能，而被广泛应用于高温工业的防护工具、各种机械的隔热、防腐等设施上。

具有特异功能的冰洲石

冰洲石是纯净的、清澈透明的方解石晶体，它因最早发现于冰岛而得名。冰洲石具有一种非常独特的、其他矿物所没有的特异功能——双折射。它是一种稀有的、理想的光学偏振材料，主要用于制造特种光学仪器，如偏光镜、分光镜、比色计等。

试一试

这种双折射现象，用一种简单的实验便可观察到，将冰洲石放在书上，一条直线就会变成两条线，一个字就会变成双体字。如果转动冰洲石，当入射光接近平行光轴时，双线就会消失，当入射光接近垂直光轴时，就会产生最大的双折射现象，此时，双线间距最大。

磁铁矿的妙用

磁铁矿

顾名思义，磁铁矿就是含有磁性的铁矿。早在二三千年前，中国人就已发现了这种磁性，并加以利用。据说秦始皇建阿房宫时，为了防止刺客潜入宫殿搞刺杀，就命工匠用磁石来砌筑外人入宫的必经之门——北阙门，利用磁石的吸铁特性来暴露身怀利刃的刺客。这应该是利用磁石制作的最早的警卫装置。

今天磁铁矿的磁性仍是磁铁矿利用的一个重要方面，但其最大用途还是用做提炼生铁和炼制各种钢材与合金钢。

你知道吗？

我们经常使用的录音机、录像机中的磁带，就是用涂覆超微细粒子的磁铁矿粉末制成的。此外，人们将它及其衍生物涂覆在飞机、坦克、舰艇表面，使其对敌方雷达微波不产生反射，从而达到"隐身"的目的。

揭开晶体结构之谜

金刚石是自然界中最硬的物质，素有"硬度之最"和"宝石之王"的称号，由于它具有超硬、耐磨、热传导、半导体及透远红外光等优异的物理性能，而被广泛应用于工业领域。能用于琢磨宝石的金刚石，称为钻石，是最贵重的宝石，古时候被称为"夜明珠"。

金刚石为什么这么硬？十七、十八世纪时，人们在探索金刚石的物质成分时惊奇地发现，它竟是由碳元素组成的！而在此前人们已经知道另一种由碳元素组成的矿物是石墨，石墨硬度极低，甚至比指甲还软很多。

镶嵌在金伯利岩中的金刚石

1808年，英国化学家道尔顿提出了关于原子的科学假说，才使人们知道了物质原来是由原子组成的。构成矿物的这些小原子或离子的周期性重复排列，我们称之为矿物的晶体结构。晶体结构决定了矿物的几何外形和物理性质。金刚石的晶体为面心结构，各原子间以共价键相结合，距离相等，排列紧密，各原子引力很大，不易分开，因此它有高硬度、高熔点等性质。石墨则不同，它的晶体为层状结构，层内为共价键——金属键，层间以分子键相连接，且层间原子的距离是层内距离的一倍多，原子之间的连接力很弱，因此石墨具有低硬度、可以层层剥开等特点。

这些宝藏为人类提供了高度的物质文明，极大地改变了人类的生活方式。

资料库

朱砂（矿物名辰砂），是古代炼丹用的主要原料，它具有重镇、安神、解毒、明目等功效。但一定要注意啊，过量服用可能会引起汞中毒的。

炉甘石（矿物名菱锌矿），具有明目去翳、收湿敛疮、生血生肌等功效。

雄黄和雌黄都具有解毒、杀虫、去恶疮燥湿等功效。

铜绿（矿物名孔雀石），具有解毒、收敛、杀虫等功效。特别提醒你，铜绿有毒，只可外用。

小海豚：“你知道吗？有些矿物还能为我们治病呢。”

鹦鹉嘴龙：“地球母亲为我们奉献的真是太多了。”

小海豚：“地球的美丽，也时常会吸引太空‘客人’的到访。”

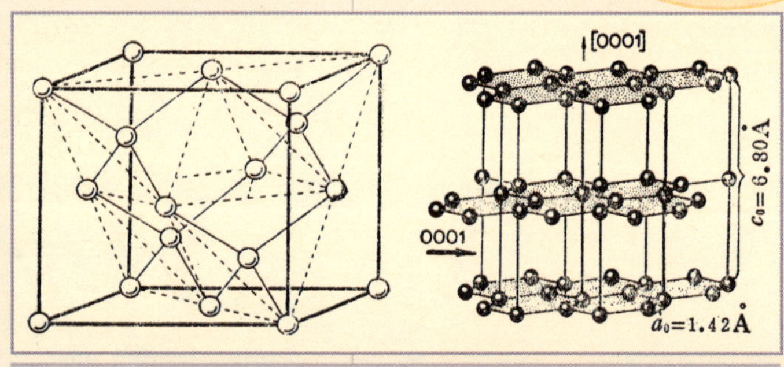

金刚石、石墨的晶体结构比较

地球的客人——陨石

陨石来自遥远而古老的太空，陨石上记录着50亿年来太阳系演变的证据。目前的研究已经证明，陨石主要来源于小行星和彗星，还有少量的月球陨石和火星陨石。陨石标本对推断地球化学成分、探讨天体演化、寻找地外生命等有着重要的作用。

光明山陨石

庄河陨石

资料库

陨石大体上可分为三大类：铁陨石、石陨石和铁石陨石。此外，还有被称为"雷公墨"的玻璃陨石，玻璃陨石可能不是直接从空间来的，而是大陨石冲击地表砂岩，熔融后迅速冷却形成的。陨石冲击地表的威力是巨大的，据研究，恐龙的灭绝可能就是因为一个直径约10公里的小行星撞击地球造成的。

地球展厅保护环境展示

保护环境就等于保护我们自己

地球的美丽让我们赞叹不已，我们为能生存在这颗星球上而非常自豪与荣耀！但是，人类在创造高度文明并沉湎于自我喝彩的同时，也给自己酿造了一杯又一杯的苦酒：热带雨林被烧毁或被砍伐、现代生物物种以成千倍的速度迅速灭绝、空气和水到处发生污染、全球变暖以及臭氧层出现空洞等，使地球上的生态系统受到了前所未有的破坏，给自己的生存带来了越来越严重的威胁。我们只有一个地球，她是我们赖以生存的家园。我们应该从自身做起、从周围做起、从小事做起，保护环境，来回报地球母亲给予我们的奉献！

恐龙展厅

（二）远古时代

恐龙是古生物学中最引人入胜的一类早已绝灭的爬行动物，它的出现、发展和绝灭也是生命进化史上最为动人的一章。有关它的奥秘一直是科学家热衷于探讨的课题。恐龙展厅从什么是恐龙、恐龙大奇观、恐龙的习性与生殖等几个方面向你介绍了恐龙的定义、分类、分布、恐龙的家园、恐龙之最以及恐龙奇形怪状的身体。展厅的中生代景观还可以使你在了解恐龙的同时，也能一睹恐龙时代的生态环境，从而真正地走进恐龙的世界，去了解形形色色的恐龙以及它们的食性，并从恐龙绝灭的原因中去寻找我们人类的未来。

资料库

地球上所有的大洲都有恐龙的踪迹。也就是说，在几亿年前，地球上的陆地曾经是一个完整的大陆，当时气候温暖、湿润、无明显的四季分化，陆地上沼泽、湖泊、浅海陆棚和三角洲广布，到处生长着苏铁、银杏、松柏等裸子植物和蕨类植物，恐龙可以在整个陆地上自由地漫游。

恐龙大地

恐龙是生活在距今2亿2千5百万年前的一种古代爬行动物，并且在距今6千5百万年前就已经绝灭了。那时的陆地是恐龙称霸的大地。有大到20多米长的马门溪龙，小到几十厘米长的辽宁龙；有身披羽毛的中华龙鸟；有背上长有骨板的沱江龙……

小海豚："这是你的同类，都认识吗？"
鹦鹉嘴龙："不都认识。"

恐龙骨架

披毛犀骨骼

小词典

龙：我们传说中的龙是人们想象出来的一种动物，从它的身体结构上看，龙是爬行动物与哺乳动物的混合体，在自然界中从未存在过。

龙骨：是指恐龙绝灭后才繁盛起来的哺乳动物的骨骼或牙齿，是一种中药材，具有定惊、安神、壮骨等功效。

你知道吗？

恐龙的名字是怎么来的？恐龙的名字是恐龙专家给起的。1841年，理查德·欧文爵士根据当时的研究成果，给这些神秘的爬行动物起了个名字——恐龙，意思是"令人恐怖的大蜥蜴"。

中侏罗纪时期巨“龙”——合川马门溪龙

合川马门溪龙是中侏罗纪时期植食性的大型恐龙。其最大的特点是脖子长，有19节颈椎，颈肋也特别长，最长可达3米，能与后面的第三个颈椎相连。颈肋的相互连接增强了颈部的力量，但也使得它的脖子特别的僵硬，连转动一下也很费劲。

你可能想象不到：一条长达22米、重30～40吨的恐龙，会有一个不到60厘米长的小头，长在这样的头上的一个小嘴竟能维持如此庞大的恐龙的生活。马门溪龙的牙齿告诉我们，它是吃柔软而富有营养的植物的。

资料库

有人曾经从营养学的观点推测：一只重达40吨的恐龙，要维持一天的生活，至少也得吃300公斤的植物，这样小的嘴几乎需要不停地吃才行。

合川马门溪龙是迄今在亚洲发现的最完整的蜥脚类恐龙

中生代动物之一——多棘沱江龙

剑龙类是恐龙中最早消失的一支，在白垩纪早期就绝迹了。这是在四川自贡发现的多棘沱江龙，是剑龙的一种。其特征是它的尾部有四根棘刺，用以防御敌害。背上有两行骨质的三角板，有的科学家认为是御敌用的，有的则认为是起保护作用的，也有的认为是起到调节体温的作用。

多棘沱江龙

尽管多棘沱江龙有几吨重的体重，但它的脑子却很小，大脑只有胡桃核那么大。而在它的臀部有一个膨大的神经节，这个神经节实际上是脊索，它能通过神经网络与大脑相通。因此，有的科学家认为剑龙类有两个脑子，把膨大的神经节叫做第二大脑，它就像一个控制中心，控制着后肢和尾巴，遇到危险时，用尾巴上的尾刺来打击来犯之敌。

资料库

最小的恐龙：在中国辽宁发现的甲龙是目前已知的最小的恐龙。它的体长不超过0.4米。

最大的恐龙：在美国新墨西哥州发现的地震龙被认为是最大的恐龙，根据已发现的骨骼推测它的体长有30多米。

最早出现的恐龙：恐龙专家一直在寻找恐龙的祖先和最古老的恐龙。一般公认，生活在2.35亿年以前的始盗龙是最早出现的恐龙。体长约1米，前肢短小，后肢粗壮，以肉食为主。

最晚绝灭的恐龙：三角龙的样子很像犀牛，四足行走，以植物为食，被公认是最晚绝灭的恐龙。

最凶暴的恐龙：霸王龙被称为“龙中之王”，是最凶暴的恐龙。它体长15米，高6米，重8000公斤，仅头骨长就有1.5米。

最机敏强健的恐龙：体长3～4米，以肉食为生的恐爪龙是最机敏强健的恐龙。它视觉敏锐，反应灵活，奔跑迅速，耐力持久。

跑得最快的恐龙：似鸵鸟龙，体长3.5米，体重100公斤，以植物为食，外形习性都与鸵鸟相似。它的奔跑速度每小时有40多公里。

带羽毛的恐龙

尾羽龙是一种具有真正羽毛的恐龙。它的大小与始祖鸟相仿，头骨短而高，牙齿退化的只剩下几颗。在它的胃部保留着一堆小石子——胃石，用以帮助消化。它的前肢非常短，可能与它的捕食功能有关，特别加长的后肢以及前后趾节的比例则表明它是一类快速奔跑的动物；它那不对称的羽毛尚不具备飞行的功能，是羽毛演化相对原始的阶段。

由于尾羽龙具备了真正的羽毛，它的发现在鸟类起源研究上的意义要超过中华龙鸟。同时也表明真正意义上的带毛恐龙确实存在，这不仅为鸟类起源于恐龙的假说提供了迄今为止最重要的证据，而且也对传统的羽毛起源假说提出了有力的挑战。

中华龙鸟复原图

尾羽龙

资料库

中华龙鸟是世界上发现的第一只带毛恐龙，其主要特征是从头到尾尖有一列类似于“毛”的表皮衍生物，是羽毛进化的初级阶段，称为“原羽”或“前羽”。因此它的发现曾引发了一场世界性的“龙鸟之争”大辩论。由于它同时具有恐龙和鸟类的特征，使得恐龙与鸟类之间的界线模糊了。也正因为如此，它的发现被誉为20世纪后期古生物学最重大的发现。

恐龙的猎食

建设气龙是性格暴躁的肉食性恐龙，专门捕食植食性恐龙和其他的爬行动物；而李氏蜀龙则是性情温顺的植食性恐龙。这也就决定了它们相遇时的状况——两只建设气龙正在捕食一只李氏蜀龙的场景。

恐龙猎食场景

甲龙与霸王龙有缘同时生活于白垩纪时期，但它们却是你死我活的死对头。甲龙因全身披有一层厚厚的五角形甲板，非常像坦克，又名坦克龙。除了甲板和侧棘以外，甲龙还有一条长长的尾巴，尾巴的末端粗大，形成锤子一样的东西。可不要小瞧这条尾巴！当它遇到敌害或与敌人进行生死搏斗时，甲龙会抡起锤子般的尾巴，狠狠打击来犯者，常常使敌人负伤而狼狈逃窜。因此甲龙凭借着自己的优势条件，会常常在树林中“悠闲”的漫步，采食自己需要的植物嫩枝叶或多汁的根、茎。而霸王龙的原意即是“凶暴的蜥蜴”，凶猛残暴是它的本性，它是白垩纪晚期最大最凶恶的陆生动物。它一生独居，与现代的大型肉食性动物老虎或豹子一样，在自己的势力范围内称王称霸。

你现在所看到的是激战即将开始的情景：一只霸王龙正在虎视眈眈地盯着一只满身盔甲的甲龙。它们一个是防御装备系统达到了顶点，一个是“龙中之王”。是霸王龙吃掉甲龙还是甲龙打退了来犯者，激战过后会是怎样的结局呢？

激战前的甲龙与霸王龙

恐龙的生殖行为与生活习性

恐龙属爬行动物，和蛇、龟等一样，是靠生蛋来繁殖后代的。

恐龙蛋 为研究探索恐龙的行为学、生理学提供了绝好的资料。它们的埋藏形式与古环境学有密切的关系，为研究恐龙时代的环境提供了科学依据。恐龙蛋化石在各大陆上的大量发现，对于建立白垩纪地层之间的洲际对比也有着重要的意义。

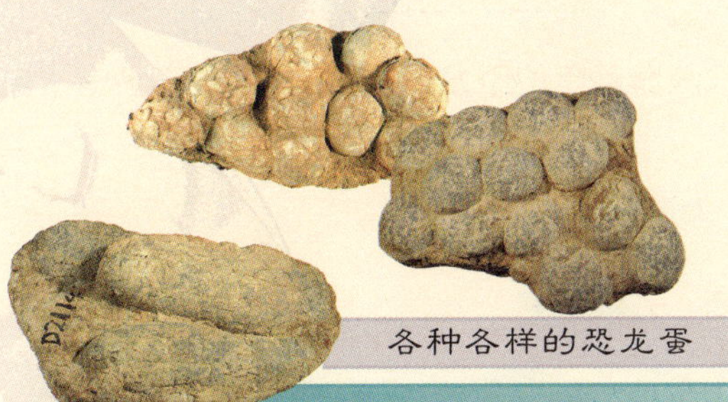

各种各样的恐龙蛋

鹦鹉嘴龙幼体 这是一窝鹦鹉嘴龙幼体化石，其中有34个幼年个体和1个成年个体埋藏在一起，是目前世界上发现的保存数量最多的一窝恐龙幼体化石。我们由此得知，恐龙并不是“冷血动物”，因为恐龙的妈妈不仅在它的孩子不能独立生活之前照顾孩子的生活，而且在危难之时，妈妈也挺身而出，用自己的身体来抵挡外力对幼儿的伤害。

这一窝恐龙化石的发现，对研究恐龙的社会行为和生活习性都具有重大的科研价值，其研究成果于2004年9月发表在世界著名的科学杂志——英国的《自然》上。

小词典

鹦鹉嘴龙是东亚地区早白垩纪世特有的一类小型恐龙。它大小如哈巴狗。它的头三角形，有向外突出的颧骨突，吻尖呈钩状如鹦鹉的嘴，牙齿小佛手状。前肢短，后肢长，是两足行走的动物。在它的腹腔，常保存有用于磨碎食物的胃石。鹦鹉嘴龙和现代食草的羚羊、鹿类一样，喜群居生活，漫步在河湖岸边的丛林中，以植物为食。

一窝鹦鹉嘴龙幼体

“中生代的庞贝城”——辽西白垩纪公园

在距今约1.25亿年前的中国辽西大地，气候温暖，植被繁茂，绿树参天，河流湖泊星罗棋布。在这里生活着飞禽走兽和花草鱼虫，并演绎着生命的历史，它们就是热河生物群的成员。

辽西热河生物群是在较短的时间内快速辐射演化发展起来的，被称为“中生代的庞贝城”。“城中”生物门类齐全，不仅有鱼类、龟类、鳄类、翼龙类、恐龙类、蜥蜴类、鸟类和哺乳类等脊椎动物，也生活着各种无脊椎动物和生长着各种植物，它的发现成为20世纪末古生物学的重大发现。

辽西化石产地

小词典

热河生物群

美国地质学家葛利普先生，于1923年将当时热河省凌源县附近含化石的地层定名为“热河系”。1928年他又提出了“热河动物群”的名称，用以表示热河系地层中所含的动物化石。1962年，我国古生物学家顾知微先生将辽西含狼鳍鱼化石的岩系称为“热河群”，并将热河群中以东方叶肢介、三尾类浮游、狼鳍鱼为代表的化石群称为“热河生物群”。于是这个化石生物群被正式命名了。现在，随着化石的不断发现和研究的逐渐深入，热河生物群已经成为包括有带毛恐龙、早期鸟类和早期被子植物等各种生物门类在内的生物化石组合群。

地质年代

地球的历史可以划分成不同等级的时代单位。从大到小分为宙、代、纪、世、期、时。如早白垩纪是指显生宙中生代白垩纪早期。

脊椎动物——恐龙

庞贝城

在意大利那不勒斯湾，撒诺河入海口处。它依山傍海，是一座古老闻名的城。早在公元前9世纪奥斯坎人在这里建城，后为罗马人征服。在罗马统治时期，庞贝城极其繁荣，建造了许多著名建筑：论坛浴厅、维纳斯神庙、丘比特神庙等。公元62年，庞贝城遭到一次大地震破坏，人民在震后进行了艰苦卓绝的恢复工作。公元79年8月24日，维苏威火山喷发，2.5米厚的火山灰掩埋了有几百年历史的庞贝城，1万余居民罹难。当人们在1748年重新发现这个古城时，那里的人、物、动物和时间，已经被永远地固结在厚厚的火山灰中。

恐龙展厅一角

原始鸟类的乐园

1亿多年前，在辽西这个鸟类的乐园中，生活着多种古鸟类，包括最原始的孔子鸟类群、反鸟类家族和一些与现生鸟类相似的今鸟类。它们的发现是继1861年德国首次发现始祖鸟化石以来，最重要的一次鸟类发现，填补了距今1.5～0.8亿年前的早期鸟类演化历史的空白。它的发现对于研究与探讨鸟类的起源与演化具有深远的意义，引起了世界古生物学界的广泛关注。

杜氏孔子鸟化石

杜氏孔子鸟：是一种具有典型双弓型头骨的孔子鸟类。双弓型头骨是中生代原始的小型爬行动物所特有的，在鸟类中少见，为鸟类起源于初龙类之说提供了新的证据。

这是迄今所发现的辽西鸟类化石中保存最为完好的一件。

孔子鸟复原图

圣贤孔子鸟化石

圣贤孔子鸟：这是一种飞行能力较强的鸟类，是继始祖鸟发现134年之后，世界上第2个原始的鸟类化石，是中国的第一鸟。

始反鸟化石

始反鸟：是一类已经绝灭了的化石鸟类。取名反鸟是因为它的某些身体构造与现生鸟类正好相反，始反鸟则是当时论文发表时已知最早的反鸟类化石。

水及其周围的动物世界

辽西生活着多种水生生物，包括水生爬行动物、鱼类、古蟾等。

凌源潜龙

属于长颈类型的离龙类，是水生爬行动物。它最大的特点是有一个超长的脖子，非常适宜湖泊环境，可在深水中自由自在地捕食各种鱼虾和弱小的动物。

潘氏北票鲟

我国发现的第一种鲟形鱼类化石，体型较小，一般不会超过1米。

一种大型昆虫，幼虫生活在湖泊的近岸处，在湖底爬行或游动，捕食其他中小型水生昆虫，成虫在陆地生活。

三尾类浮游

原白鲟

目前发现的最早的匙吻鲟科化石，其主要特点是具有长的吻部及一系列纵向分布的吻骨片，全身分布有齿状鳞片。

满洲龟

一般居住在河流、湖泊、沼泽和湿草地湖区，其生活习性可能与现代水龟比较接近。

奇异环足虾

杂食性的甲壳动物，植物、藻类、水生昆虫等都是它觅食的对象，而它又是鸟类、两栖类、爬行类等脊椎动物的猎物。

辽宁古果

世界上最早的花儿

世界上最早的花是什么样子?它开在什么地方?全球被子植物起源于一个中心还是多个中心?这些问题曾被达尔文称为“讨厌之迷”。一百多年来,世界上许多古植物学家和植物学家也在对此孜孜不倦地探索,但由于化石记录的不完整和早期被子植物化石找寻上的困难,问题一直未能解决。辽西被子植物(古果)的发现说明中国是被子植物的起源中心(至少是中心之一)。

辽宁古果:是草本水生植物,是迄今为止世界上发现的最早的被子植物之一。

(三)海洋世界

鲸是鱼吗

鲸和人类的亲缘关系很近,是胎生的哺乳动物,呼吸空气,为了适应水中生活,后肢完全退化,前肢变为鳍状,乍看起来,鲸和鱼的确长得很像,尤其是和鲸鲨这样的大鱼更像,所以被误认为是鱼,你仔细看看,它和鱼的差别还不少呢!

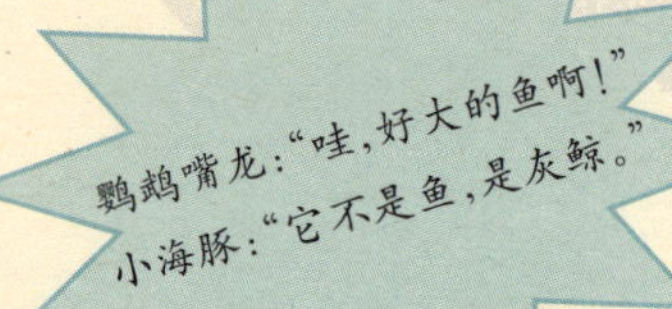

鲸和鱼的区别

鲸有多大

除了灰鲸，大连自然博物馆还有重达66.7吨的黑露脊鲸、50多吨的抹香鲸和30多吨的长须鲸等标本，这些馆藏标本在世界各地的其他博物馆都难得一见。

巨鲸展厅

灰鲸和鲸鲨

鲸尾部：鲸的尾巴是水平展开的，由坚硬的皮肤构成，里面没有骨骼支持物，游泳时会上下摆动。

鲨尾部：鲨的尾巴是垂直展开的，由软鳍条构成，里面有软骨支持，游泳时会左右摆动。

鲸背部：鲸的皮肤光滑有弹性，皮下有厚厚的脂肪。

鲨腹部：鲨的皮肤上有牙齿状的粗糙鳞片，皮下没有脂肪。

鲸头部：鲸是不能在水里呼吸的，它们通过头顶的喷气孔用肺呼吸。

鲨头下方：鲨是用鳃在水里呼吸，由嘴巴吸入水，由鳃裂排出体外。

鲨鳍下方：鲸鲨比鲸多出3个鳍：2个腹鳍、1个臀鳍。

黑露脊鲸

来自黄海北部海域，全长17.1米，比15个小朋友手拉手还长；体重66.7吨，相当于10多头非洲大象，是我国保存的鲸类标本中体重最大的。

黑露脊鲸通常单个或两三个在一起游动，行动是鲸类中最迟缓的。它们喜欢栖息于水的上层，把整个背部露出水面，出水呼吸时先露出背部，然后露出头部，所以人们叫它露脊鲸。

你知道吗？

蓝鲸一口可以吞进6吨海水呢。

鲸须不是牙齿，它和我们的头发和指甲一样，都是由角蛋白构成，会不停的生长，以替换磨损的须毛。

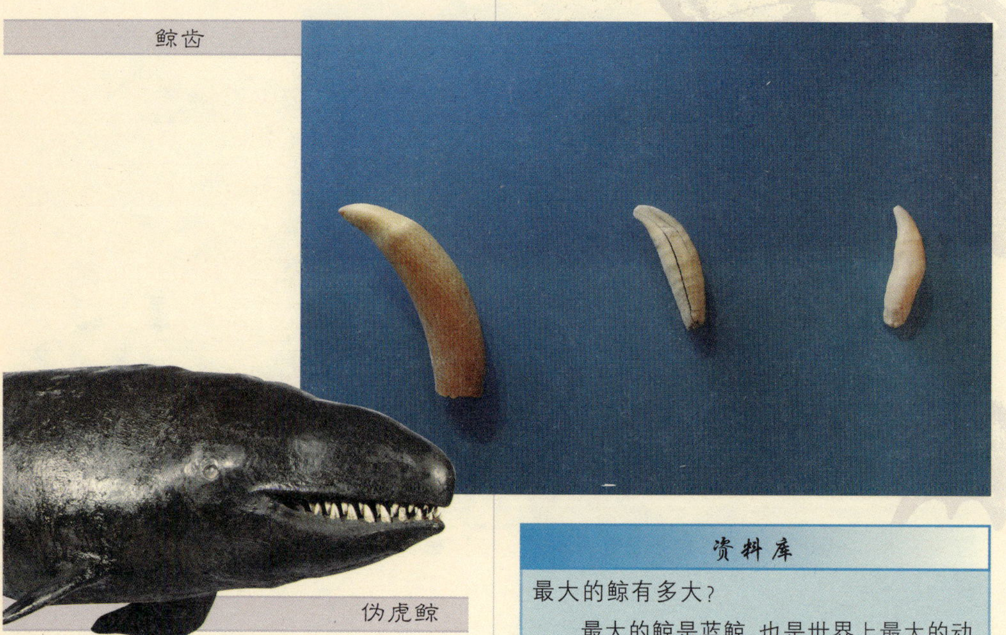
鲸齿

伪虎鲸

资料库

最大的鲸有多大？

最大的鲸是蓝鲸，也是世界上最大的动物。至今，人类捕获到的最大的一头蓝鲸身长34米，重170吨，其中肺重1.5吨，肾重1吨，血液接近10吨。一天可以吞食4～5吨食物，力气相当于一台中型火车头。

鲸如何摄食

鲸分为两大类：齿鲸和须鲸。齿鲸大都以鱼和软体动物等为食，须鲸一般滤食小鱼、小虾和浮游动物。露脊鲸巨大的嘴里有200到270对鲸须，鲸须从上腭垂下来，内向的一面长着细毛，就像两面宽大的帘幕。

鲸须

小词典

须鲸是怎样过滤海水而摄食的

撇食法：有的须鲸，如黑露脊鲸，微张开双唇缓缓游动，让海水从正面流进嘴里，经过须板筛滤后，从两侧流出。小鱼小虾积累到一定的食物量时，须鲸就用象软垫一样的大舌头，把食物扫到肚子里去。

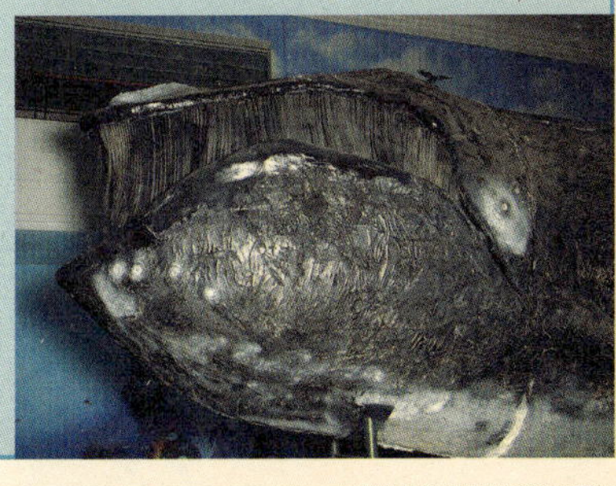

大口吞：有的须鲸，如长须鲸，具有喉褶，可以把嘴巴张得很大，一口吞下大量的海水，然后闭上嘴巴、收缩喉褶，将海水挤出去。只要无法通过鲸须的东西都会留在嘴里，成为鲸的食物。

潜水冠军

抹香鲸是齿鲸中最大的，身长可达20米，体重约60吨。它可是天生的潜水高手呀，活像一个大潜水艇。据估计，一头成年的雄鲸一般可以潜到2000米深的海底，有的甚至能潜到3000米或者更深，一口气可以呆在水下长达2小时之久。曾有人发现在水深1134米处，被铺在海底的光缆缠住的抹香鲸。

小海豚："这是自然界中最完美的潜水系统。"
鹦鹉嘴龙："真令人惊奇！"

抹香鲸

抹香鲸与大乌贼搏斗图

准备潜水

抹香鲸潜水前会深呼吸好几次，等到下潜100米以下时，肺部被压扁，将氧气储存在肌肉和血液中，心跳减慢。

高速下潜

抹香鲸下潜的速度可达每秒3米。抹香鲸像箱子一样的头部里面，有个巨大的黄色蜡状物叫鲸蜡器官，大雄鲸的鲸蜡有4吨重。当鲸由喷气孔吸入水时，这些管路就会把鲸蜡冷却，密度增加而变重，这样鲸就可以不费力气地快速下潜了。

你知道吗？

人们携带氧气在100米的水下工作几小时，上来前还必须用几个小时的时间逐渐减压，否则会得潜水病，而这些抹香鲸根本就不需要！

浮出海面

当抹香鲸上浮时，血液和肌肉产生的热量把鲸蜡融化，体积变大增加了浮力。

抹香鲸特别喜欢吃乌贼，越大的越喜欢，平均一天可以吃下1吨的乌贼呢。巨型乌贼一般住在深海里，它们不仅能与抹香鲸搏斗，甚至会攻击航行的船只。抹香鲸为了捉到喜欢的乌贼，也练就了一身好本领。

多数情况下都是以乌贼的失败而告终，但有时抹香鲸也会被乌贼置于死地。

水中的歌声

海洋是个喧闹的世界，鲸就是其中的歌手。座头鲸是目前唯一进入畅销排行榜的非人类歌手。许多人喜欢聆听座头鲸、白鲸和虎鲸的歌声，从中获得心灵的平静。旅行者号太空船就携带了座头鲸的歌声录音，作为地球生物向太空的问候。

鲸的叫声多媒体

鲸的骨骼

鲸为了适应海洋的生活，身体构造和陆生动物有很大的不同。鲸类没有后肢，但体内仍残留有退化的后肢骨，由此可知，它们的祖先确实是陆生动物。

鹦鹉嘴龙：“鲸的骨骼好大呀！这些骨骼是真的吗？”

小海豚：“当然啦，这里可是国内保存海兽最多的地方，好多专家都专程来此研究呢。”

抹香鲸骨骼

鹦鹉嘴龙：“鲸还会唱歌？这我可得听听！”

你知道吗？

人类在歌唱时，必须将空气挤过喉咙的声带，使声带发生震动，才能发出声音。空气由嘴巴不停的流出，所以每隔几秒就得停下来吸气。鲸没有声带，而且座头鲸能够使肺部空气不断循环，所以它们可以不间断地唱上几个小时。

座头鲸的歌声是用来吸引伴侣的，它们唱歌时头部下垂，全身动也不动，发出的歌声悠扬动听。座头鲸的情歌由几个不断重复的小节构成，而且每头雄鲸的歌声都各有特色。栖息在不同区域的鲸会唱出自己特有的旋律，因此科学家们可以根据歌声来区分它们。

鲸鱼喷水啦

鲸大部分时间都在水面下度过，浮出海面呼吸时，呼出的气体携带大量海水，形成了雾状的水柱，也叫喷潮。

小词典

人的手臂和鲸的手臂外表上看大不相同，其实内部的骨骼却是相同的，为了适应环境，经过长期的演变，这些骨头发生了很多改变。人的手臂细长，专门用来攀爬、抓取或操作工具；鲸的前肢主要用来控制方向和停止前进，骨骼变得又粗又短，指骨的数量特别多。

你知道吗？

陆生哺乳动物的全身重量都要由骨骼支持撑所以既坚硬又强壮。鲸的重量虽然很惊人，但有海水的浮力支持，骨骼并不那么坚硬，而是松软多孔富含油脂，以减轻重量，增加浮力。搁浅的鲸就是被自身的重量压得喘不上气来而憋死的。

你知道吗？

鲸的喷潮非常壮观，有的水柱高达10米呢，发出的声音像炸弹爆炸一样响，1公里之外都能听得到。鲸呼出的气体像腐烂的鱼，可不好闻呦。

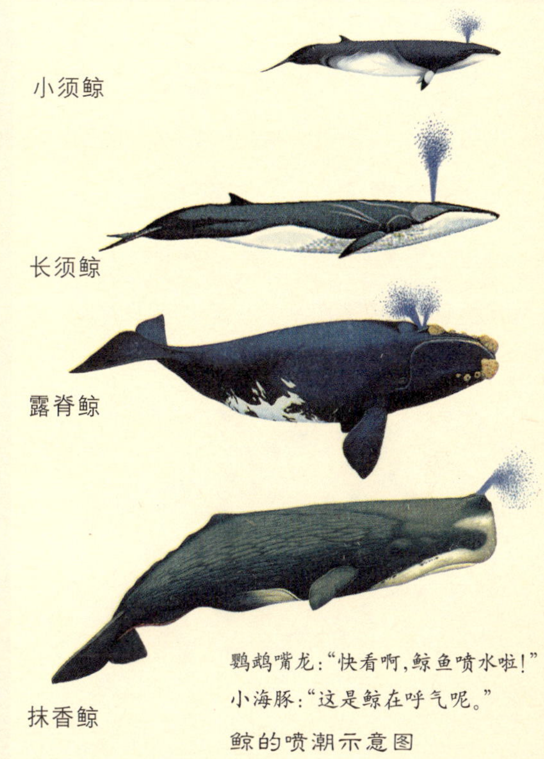

鹦鹉嘴龙：“快看啊，鲸鱼喷水啦！”
小海豚：“这是鲸在呼气呢。”

鲸的喷潮示意图

小须鲸：小须鲸喷出的水柱很低，只有1.5～2米，消失的很快，甚至不容易被人发现。
长须鲸：长须鲸的水柱细高，像一个倒放的伞，顶端散开，可高达8～10米，有3层楼那么高呢。
露脊鲸：露脊鲸可喷出两道水柱，高达6米。
抹香鲸：抹香鲸的水柱向左倾斜，与水面呈45度角，较开阔。

海洋中的杀手—虎鲸

虎鲸是齿鲸，身体巨大，一般体长都有10米左右，体重7～8吨。背部黑色，腹部为白色，双眼后面有两个卵圆形的大白斑，远远看去好似多了两只大白眼睛，大嘴一张开，露出20多颗锐利的牙齿，顿时凶相毕露。它生性残暴贪食，捕食时攻击力极强，是海洋中令人生畏的杀手，但没有人知道它们为什么不攻击落水的人类。它游泳速度极快，每小时可达65公里，可以追上绝大部分猎物。

海兽厅

虎鲸

小词典

什么是海洋哺乳动物？

海洋哺乳动物指哺乳类中适于海栖的特殊类群，通常简称海兽。海兽一般包括鲸类、海牛类、鳍脚类、海獭及北极熊。海兽保持着哺乳类的共同特点，如胎生、哺乳、体温恒定和用肺呼吸等。漫长的自然选择和演化过程，使海兽的形态结构、生理机能和生态习性逐渐充分适应了海洋生活，成为了海洋中的精灵。

趣闻轶事

海面上，一头虎鲸腹部朝上，一动不动地漂浮着，好像一条死鲸。这时，一头海狮从远处游来，距离虎鲸越来越近，突然"死"虎鲸一翻身直冲向海狮，转眼间鲜血染红了海面，可怜的海狮还没转过向，已葬身于虎鲸腹中。

你知道吗？

在美国卡纳利那岛附近海面，是乌贼繁殖的地方，渔民经常在此捕获乌贼。然而这些海鲜也是海豚、海狗和海狮的美味，由于它们的大量吞食，给渔业造成了损失。起初渔民们束手无策，后来，在海上播放虎鲸的叫声，把它们全吓跑了。

聪明的海豚

海豚约有27种，是聪明而又善良的海兽，又是人类的朋友和助手，难怪有些渔民亲昵地称海豚是“穿着湿衣服的人”。海豚还有许多未解之谜，等待我们来研究。

宽吻海豚

也叫瓶鼻海豚或大海豚，是我们最常见的海豚，是海洋公园的常客，喜欢群居，擅长跳跃，能模仿学会很多动作。

江豚

也叫江猪或海和尚，胆小害羞，常常独来独往，我国海域和长江都是它们的家园。

你知道吗？

人类教会海豚1～10的数，需要一个星期的时间，而海豚把1～10的数再教会同类，仅仅需要几十秒钟。

鹦鹉嘴龙：“这些都是你的亲戚吧？”
小海豚：“对呀，都是我的亲戚和好朋友。”

日本喙鲸

也叫银杏齿喙鲸，是最不为人所知的动物了。它们生活在深海和海沟里，行动诡秘，直到1958年才首次在日本与世人见面。

真海豚

也叫普通海豚或海豚，喜欢集体活动，常常一大群在宽阔的海面活动，我国渔民叫它“龙兵”、“神鱼”。

海豚在水中如何“看”东西

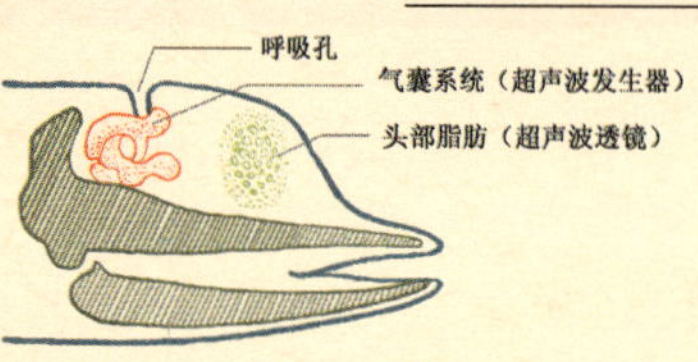

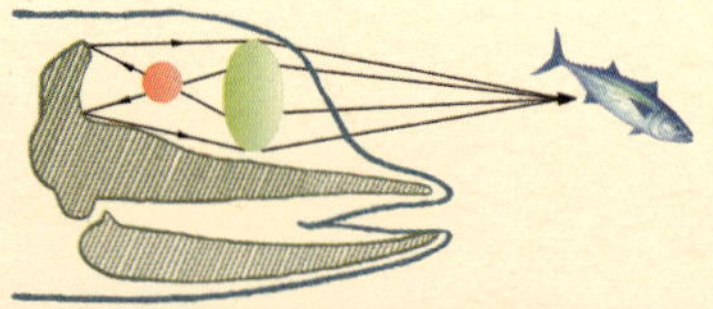

海豚的回声定位系统

海豚具有极灵敏而又精密的声纳系统，尤其判断回声定位的本领很大。它可以发出声音，并能随意改变声调的高低，以排除各种噪声的干扰。它还可以用讯号接收器——下颌骨接收回声，送入耳内，再对回声进行分析和判别，最后对目标做出正确的判断。海豚每隔十多分钟就要发出一次信号，这是它在对周围环境进行探测，一旦发现异常情况，就会立即连续地发出信号并迅速确定目标的方位、距离和性质，采取相应的必要措施，或用某种频率将情况迅速通知同伴。至今科学家们还在继续研究海豚声纳系统的奥秘。

小词典

回声定位

动物能够通过视觉、听觉、嗅觉、味觉和触觉来感知周围世界。视觉对于陆生动物最为重要。可在浑浊的水域和深海里，可视距离往往只有几米。声波在水里传播速度快、距离远，是海洋里最有效的信号传递方式。齿鲸就是用它们的听觉来“看”东西。

趣闻轶事

千百年来，海豚救起溺水者或将鲨鱼驱逐救出游泳者的事情屡有所闻。海豚为什么会“助人为乐”呢？最近，科学家们认真研究了海豚的这一行为，终于解开了不解之谜。

海豚是用肺呼吸的，它每隔几分钟，就必须把头露出水面呼吸一次。幼海豚刚出世，就要到水面上呼吸。倘若它自己还没学会换气的动作，雌海豚就会用吻轻轻地把幼海豚托出水面，直到它学会了自己呼吸为止。如果遇到同类受伤，其他的海豚也会自动过来，轮流用鳍把受伤的海豚托到水面上让它进行呼吸。总之，凡在水中游动缓慢的物体都会引起海豚的注意，并会迅速赶来救援，这就是海豚救人的秘密所在。

海洋公园的明星

这是海狮、海狗和海豹，在海洋公园里经常能见到它们的身影。它们都属于食肉目，由于适应了海洋生活，四肢变为鳍状，尾很短小。全年大部分时间在水中生活，只在产仔、哺乳期的时候才上陆，科学家们把它们统称为鳍脚类动物。

加州海狮 分布于北太平洋，雄海狮的颈部长有长毛，很像陆地上的狮子。海狮的平衡器官特别发达，所以经过训练后的海狮能打排球、进行游泳比赛、拍"手"、走路等，它还是个顶球高手，海洋馆里的大明星！

加州海狮

南海狮 老家在南美洲，一次潜水时间长达20分钟以上，而且可在陆地上行走，还能在淡水中生活。海狮胡子的基部布满了神经，起到了触觉作用，同时也能感受声响。所以它能通过声带向周围发出一系列声信号，然后用胡子收集从目标处反射回来的回声。它的回声定位本领不亚于海豚，能分辨7米以内的各种目标的形状和大小。海狮的胡子比猫的还灵呢。

海狗

海狗 相貌有些像狗，圆圆的脑袋，小小的耳朵，一副滑稽可笑的模样。全身披着浓密的黑色软毛。一般雄海狗生有长长的胡子，体长为1～2米，体重约为400～500公斤。海狗的老家在北太平洋千岛群岛和库页岛一带，在我国黄海和东海也偶尔能见到。

南海狮

斑海豹

唯一能在我国辽东湾海域繁殖的鳍脚类动物。每年11月前后，雌雄海豹成对进入渤海，直奔辽东湾。为了保护斑海豹，现在已经成立了自然保护区。它们每年1～2月在浮冰上产仔，幼仔毛乳白色，哺乳期约1个月。

小词典

如何区分海狮和海豹

海狮的前肢强壮，长度超过身体的1/4，游泳时主要靠前肢。上陆后，后肢能够向前弯曲，有外耳，皮毛中有小绒毛。海豹的前肢短小，长度不及体长的1/4。游泳时靠后肢左右摆动，后肢不能向前弯曲，在陆上只能靠身体向前蠕动，没有外耳，皮毛中也没有小绒毛。

儒艮头骨

点斑海豹

点斑海豹和斑海豹是近亲，老家在鄂霍茨克海到北美洲的沿海地区。它和斑海豹的最大区别是它们不是在浮冰上产仔而是在陆地上产仔。幼海豹出生前或者出生后很快就把乳白色的胎毛褪掉，就能下海游泳了。

小须鲸双胞胎

“美人鱼”儒艮

鹦鹉嘴龙：“这哪里是美人啊，真是一个丑八怪！”小海豚：“别小看它，儒艮是世界上最古老的海洋哺乳动物之一，是海洋里唯一的素食者，数量稀少。我国已将其列为一级保护动物，并在广西合浦等地为它建立了自然保护区。”

美人鱼

自古以来，国内外民间一直流传着诱人遐想、美丽动人的神话，他们把儒艮看成是海上的“美人鱼”，形容它是具有人身鱼尾的“女神”。每当皓月当空之际，出海航行的水手有时竟会看到，在一望无垠的大海中，有个“妇人”怀抱着正在吸乳的婴儿，静静地竖立在海面上。这个“妇人”正是儒艮。因为它们是用肺呼吸的，所以在出水换气时，母兽要帮助幼仔将鼻孔露出水面呼吸空气。远远望去，颇似慈母育儿，由此而得雅称——美人鱼。

儒艮，属海牛目，外形有些像鲸，但是它的头与躯干之间有短颈，这是与鲸有所不同的地方。成年的儒艮身长一般可达4米左右，体重为400公斤。儒艮的视力不佳，但嗅觉相当灵敏。它的牙齿宽阔而平坦，很适合吃海藻、水草等水生植物。儒艮的胃和牛胃一样，也有四个室，这样可以充分消化和磨碎食物。就这一点，也足以证明它起源于陆生食草动物，最后才生活在海洋中的。

小资料

幼鲸的孕育过程和人类很像，但它们在母体子宫内的时间比人类还长，须鲸类要12个月，有些齿鲸甚至长达18个月。鲸和海豚的成长速度非常惊人，一只12个月大的小蓝鲸，身长最少也有7米。在母体内同样是7周大，海豚已经有尾巴，鳍也开始成形，但人类的胎儿却只有1厘米长。

鲸鲨

鱼类中的“巨人”——鲸鲨

鲸鲨是最大的鱼，体长最大可达20米，体重达40多吨。嘴里长着成排的小齿，有6000～15000颗，俗称“齿状突起”。它不是用来咬东西的，而是起到阻止食物漏掉的作用。游泳极为缓慢，它们一边游动，一边用微小的牙齿过滤水中的浮游动物。鲸鲨性格温顺，并不伤人。

研究与保护

几百年以前，大海里还有数不清的鲸，但是现在地球上许多角落已经看不到它们的踪迹了。虽然现在商业性捕鲸行为已经被严格禁止，但是每年仍然有10万只以上的小须鲸和海豚被屠杀贩卖。另外，倾倒入海的垃圾导致海洋污染，对生态造成了严重的破坏，也危及海洋哺乳动物的生存。因此，保护海洋环境非常重要。

小词典

捕鲸炮带来的劫难

1868年挪威人斯文德·福因发明了捕鲸炮，这种捕鲸炮架在蒸汽船头，可以发射尖端带炸药的标枪。它结构坚固，可以承受后座力，而且平衡度很好，容易瞄准目标。这种标枪与传统的鱼叉不同，一旦射中目标，标枪顶端的炸药数秒后会在体内爆炸，被射中的鲸根本就没有幸存的机会。

捕鲸炮

鲨鱼的武器——锋利的牙齿

鱼类中常使人生畏的是鲨鱼，因为现生动物中，差不多只有鲨鱼会在未受激怒的情况下主动向人袭击。但是，并不是所有鲨鱼都那么凶，鲨鱼有300多种，但只有30几种会主动袭击人类和船只。

几种可攻击人的鲨鱼

双髻鲨

主要分布于热带海洋。具有槌状怪头的双髻鲨，嗅觉敏锐，对水压和电磁感应灵敏。额骨向左右突出，呈"T"形，似相公的帽子。体长可达3米，为暖温性外海中大型鲨鱼。性凶猛，为肉食性鱼类，能伤人，被称为海中之狼。

灰鲭鲨

体长可达4米以上，是大洋暖水性表层鱼类。行动敏捷，性情凶猛，常危害渔业。

双髻鲨

灰鲭鲨

资料库

世界上有鱼类2万多种，是脊椎动物中最大的一个"家族"，分为软骨鱼类和硬骨鱼类。个体大的有长20米、重40多吨的鲸鲨；小的有1.4厘米的矮虾虎鱼。我国有鱼类3千多种。

软骨鱼类展厅

小词典

鱼是终生生活在水中的低等脊椎动物，世界上几乎所有水域都有它们的踪迹。鱼用鳃来吸取水中的氧气，用鳍使身体运动并保持平衡，并有真正的上下颌。大多数鱼还有鳔，可用来控制身体的升降。

鲨鱼的牙齿

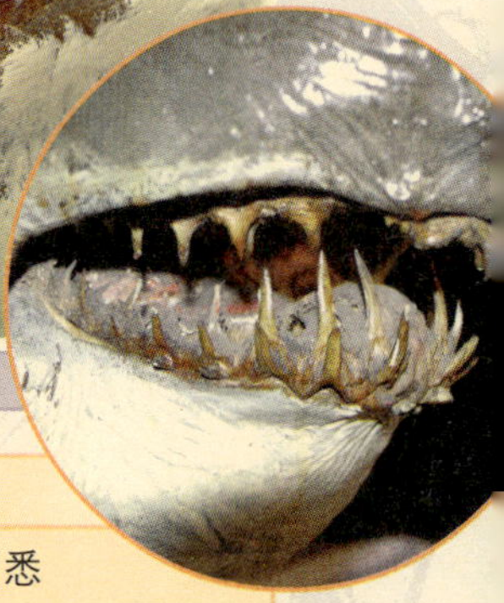

欧氏锥齿鲨

近海底层大型鲨鱼。行动滞缓，性情凶猛，以小黄鱼、鳐类以及乌贼等经济价值较高的种类为食。

一提到鲨鱼，人们马上就会毛骨悚然，联想到它们那一排排阴森恐怖的牙齿。鲨鱼的牙齿的确很多，而且能不断地长出新牙齿。大多数鲨鱼的牙齿是具有三角形的尖牙，尖端锐利，边缘还有锯齿，正是猎食者必备的武器。

趣闻轶事

1935年秋天，在大洋洲悉尼附近，渔民活捉了一条大虎鲨，卖给了当地一家水族馆，供游人观赏。展出的第8天，鲨鱼突然从嘴里吐出一只完整无缺的人胳膊，把正在观赏的游人吓得目瞪口呆。经法医验证，胳膊是被刀砍下来的，并非被鲨鱼咬断。以这条断的胳膊为线索，警方侦破了一个想炸毁游艇、索取巨额保险金的阴谋集团。真相终于大白了，凶杀犯不是鲨鱼，但它却是破案的证人。

尾巴最长的鲨鱼——长尾鲨

长尾鲨共有3种，是鱼类中尾巴最长的鱼，它的尾巴约占身体的一半，既是运动中的推进器，又是捕食的有力武器。这些恐怖的长尾鲨经常成群地围住鱼群，用它那长长的尾巴打击水面，把鱼群集中在一起，再奋力用刀状的尾巴，朝鱼群砸去，使猎物昏迷、死伤而捕食。有时被击死的鱼类很多，根本吃不完，所以，一场杀戮过后，海面上漂着白花花的死鱼。

你知道吗？

鲨鱼是现今世界上已知几种不得癌症的动物之一。科学家们一直在研究，发现鲨鱼体内血液中含有一种抗体，可以制服很多细菌和病毒。现在，如何从鲨鱼身上提取抗癌物质，是科学家们正在探索的新课题。

狐形长尾鲨

海上魔鬼——蝠鲼

日本蝠鲼

蝠鲼是大洋暖水性底栖鱼类，体盘宽达7米，头上长着两个可以摆动的“角”，叫“头鳍”。进食时，头鳍不停地向嘴的方向摆动，把食物迅速地拨进嘴里。有时也能游入表层捕食，常常能跃出水面，作短距离的滑翔。当飞离水面时，可高达4米，坠入水中时，发出的响声极大，犹如炮声隆隆，声传数里，颇为吓人。此外，它在海底游动时所产生的暗流冲力极大，能把潜水员撞晕，因此，有“海上魔鬼”之称。

你知道吗？

海水鱼为什么不咸？

生活在海洋里的鱼，它们的鳃片里有一种特殊的细胞，叫氯化物分泌细胞。这种氯化物分泌细胞就象一种过滤器一样，它可以把咸的海水过滤以后，变成不咸的淡水，所以生活在海里的鱼就不咸了。

考考你

鱼为何发腥？

鱼的皮肤里有一种粘液腺，粘液腺分泌出的粘液里有一种叫三甲胺带腥味的东西。三甲胺在平常的气温下，容易从粘液中挥发出来，散布到空气里，于是，人们就闻到了鱼的这种腥味。

美人鱼的钱袋

当软骨鱼类的卵经输卵管排出时，均包上一个角质的、坚硬的、光滑的卵壳。壳内除有受精卵之外，还填充了大量的半液体状的蛋白质营养物。软骨鱼类的卵都是大型的，卵壳的形状、大小因种类不同而有差异，如鼠鲨的卵径可达700毫米，这是现存鱼类中最大的卵，刺鳐的卵径为90～110毫米。鳐和魟的卵壳延长，被称为“美人鱼的钱袋”、“水手的皮包”等。

软骨鱼类的卵

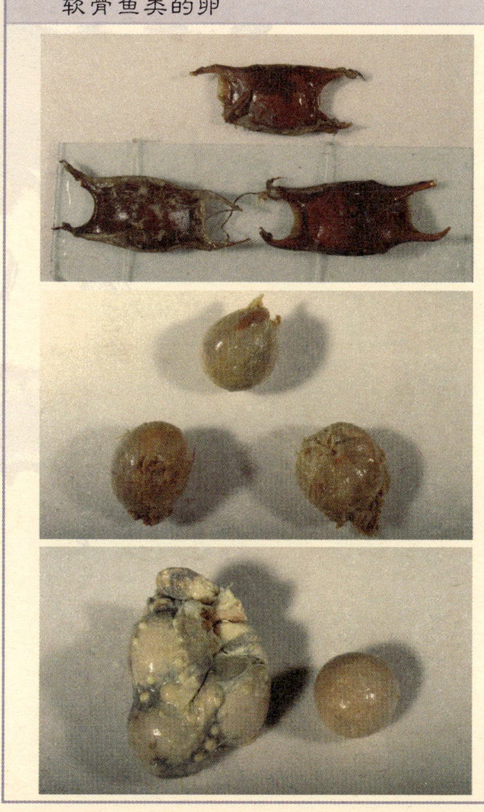

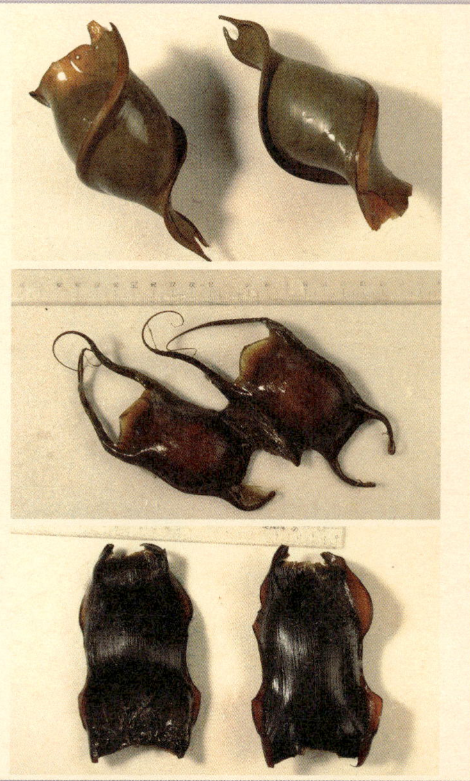

鱼类的嘴巴

嘴巴为鱼类的捕食器官，也是呼吸时的入水通道。形状各异，有的成吸盘状、有的成管状，这是长期进化的结果。

鱼类的尾巴

大多数鱼类在尾部最后都长有尾鳍，尾巴的形状不同，游泳的速度也不一样。尾巴有推进和转向作用，但也有例外的，如海马，其尾巴成为一个“攫握器”。有趣的是，有几种鳗鱼和少数海水鱼类的尾巴已经退化，甚至根本没有尾巴，所以，它们在水中游动时犹如“蛇”在陆上爬行一样。

能放电的鱼——电鳐

能放电的鱼类中，最有名的是生活在海洋中的电鳐，它发出的电压，一般大约为80伏特，最高的达到目前城市照明用电的水平。能放电的鱼常被人称为“电鱼”。电鱼放电主要是为了捕食和自卫。

资料库

会放电的鱼类，大约有300种，不仅有电鳐，还有生活在非洲的电鲶、生活在亚马逊河里的电鳗等。电鳗发出的最大电压可达800伏特以上，能把身边的人和大动物击昏。

电鳐

小词典

电鳐的放电器官就像蓄电池组，由肌肉或腺体组织演化而成。一只电鳐约有2000个左右的“电极柱”和2000万块“电极板”，当受到刺激后，可发出间隔2～3毫秒的脉冲电流。

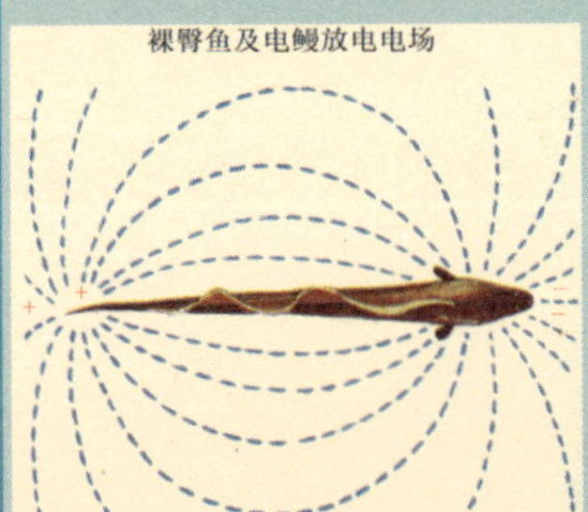

寄生丈夫——雄鮟鱇

黄鮟鱇

鮟鱇有海底渔翁之称，分布于世界温带海洋，我国东海、黄海、渤海均有分布。鮟鱇鱼雌雄个体间差别相当大，有的雄鱼不但短小，而且已经退化，一生下来就寻找雌鱼，并固着在雌鱼身体上，然后皮肤和血管彼此相通，过着寄生的生活，靠雌鱼养活。

小海豚："翻车鲀的繁殖力很强，一次可产3亿粒卵呢！"
鹦鹉嘴龙："真是产卵冠军！"

小海豚："我们可不能像雄鮟鱇那样，靠人家生活。"
鹦鹉嘴龙："真没出息！"

产卵量最多的鱼——翻车鲀

翻车鲀体长可达3米，重达1000公斤，是热带、亚热带与温带的海洋性鱼类。它体形很特殊，侧扁而近于卵形，看起来好象被切去了尾部而只剩下一个头似的，所以有人称它为"头鱼"。它没有尾鳍，后缘花瓣状的边，称之为"舵鳍"。其背鳍与臀鳍遥遥相对，与舵鳍连在一起。平时总是懒洋洋地躺在海面上漂泊晒太阳，所以西欧人给它取名"太阳鱼"。

翻车鲀

你知道吗？

在俄罗斯，称它为"月亮鱼"。这是由于翻车鱼在夜间身体上会放射出一种类似月光的光彩。这是怎么回事呢？原因是它的身体表面附有会发光的微生物——夜光虫，故得此名。

能袭击船只的剑鱼

剑鱼是海洋中的凶猛鱼类，以鱼类和乌贼为食。它的上颌延长，呈剑状突出，故名“剑鱼”。其剑状上颌的作用，是用来戳死或戳伤捕获物的，而后吞食。由于它的游泳速度非常快，像小汽车一样，每小时高达120公里，因此，具有很强的冲击力，20厘米厚的木板，它一戳就穿。在发怒或被激怒时，则可向庞大的鲸、甚至舰艇扑去，扎穿船底或船帮，还能刺伤人。

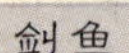

剑鱼

趣闻轶事

有一次，英国军舰列波里特号在海面上航行，遭到一群剑鱼的猛烈攻击，顿时，军舰的铁甲被扎出了许多洞儿。水手们一边阻止剑鱼的进攻，一边排出涌进船舱的海水，才保住了军舰。

背上长“旗”的鱼——东方旗鱼

东方旗鱼

旗鱼是大洋暖水性上层大型鱼类，因其庞大的背鳍露出水面，威风凛凛，像一面旗帜而得名。在风平浪静时，将背鳍露出水面，如船扬帆，又有“帆鱼”之称。常常活跃在热带海域，并成群结队的追捕鱼群。旗鱼的长吻像剑一样，可以穿透或撕裂其他鱼体，将鱼杀死后猎食。

拉蒂迈鱼的来历

鹦鹉嘴龙："它们不是同我们一样灭绝了吗?"

1938年12月22日，南非东伦敦渔港码头上热闹非凡，渔船刚刚上岸，人们在挑选着鱼货。一位当地博物馆的工作人员拉蒂迈女士，无意间发现了一条身披铠甲的大鱼，与所有现生的鱼类不同，它有两个突出的鳍，像兽类的前肢，又肥又大。她回去查阅资料，请人鉴定，但没有人认识。于是她急忙画出草图，写信给鱼类专家史密斯教授求教。令史密斯教授惊奇的是，几千年前绝种的鱼居然还活着，这是一类生活在远古时代的空棘鱼类。遗憾的是，由于天气炎热，那条鱼无法全部保留。但他们相信，一定还会找到第二条，便用英、法、葡三种文字，在印度洋沿岸贴出了广告，四处悬赏。直到1952年12月，才在科摩罗群岛发现第二条。后来，这种鱼就被命名为拉蒂迈鱼。

拉蒂迈鱼又叫矛尾鱼，为空棘鱼类，是史前时代就出现的鱼。在此之前，人们看见的空棘鱼都是4亿年前的化石，科学家们以为这样的鱼类早在8000万年前就灭绝了。但直到1938年才被科学家们发现，震惊了当时的生物界，被称为活化石。

矛尾鱼是现生的唯一一种腔棘鱼类，分布于南非和科摩罗群岛。

古老的中华鲟

中华鲟为中华国宝，鱼中珍品，又是资格最老的鱼类。我国沿海均有其踪迹。每年4～6月，由海入江进入生殖洄游，产卵后，再返回海中觅食。中华鲟的个体较大，生长较快，最长寿命可达40年。它主要分布于长江干流自金沙江以下河口江段，其他水系诸如珠江、闽江、钱塘江、黄河和我国沿海自黄海至东海各地都有少量分布。

中华鲟

为白垩纪残留下来的孑遗种类，分布面窄，数量尤为稀少，为我国特有鱼种，是国家一类保护动物。

随波逐流的“花伞”——水母

刺细胞结构

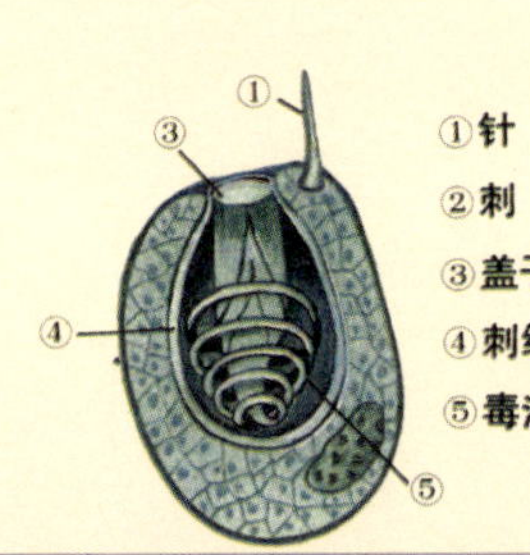

教你一招

如果不慎被水母蛰伤，请不要惊慌，可尽快用明矾或苏打水清洗伤口，同时服用扑尔敏等抗过敏药物，切忌用清水擦洗，并尽快去医院治疗。

水母属腔肠动物，浮游生活，种类很多，如海月水母、僧帽水母等。它们的外形很像一把撑开的雨伞，看上去飘逸美丽，再加上水母这个好听的名字，给人的感觉真是美丽又文雅。实际上，水母是个“笑里藏刀”的杀手。因为水母大多晶莹剔透，有的个体又比较小，稍不留神与海水根本无法分辨。夏季在海滨游泳时，被水母蛰伤的事时有发生。

小词典

水母能预测风暴来临

经科学研究发现，水母有观测天象的能力，能预测风暴的来临。这是因为长在伞体边缘的触手囊具有敏锐的感觉能力，能感受到人耳听不到的次声波。当遥远的海面发生风暴时，气流及海浪的摩擦会产生次声波，向四周传播。次声波传播速度比风暴快得多。当水母感受到这种声波后，就悄悄沉入海底，以躲避风暴的侵袭。

你知道吗？

水母是怎么伤人的？

在水母伞下长着很多细长而柔软的参差不齐的触手，被人们称为“毒手”。这些触手上布满了能分泌毒液的刺细胞。当水母受到外来物刺激时，刺细胞立即翻出刺丝，直刺受害者，放出毒素。被水母蛰伤后，被蛰部位会出现鞭痕状红斑，痛痒难忍，严重时甚至会有生命危险。

千姿百态的珊瑚

珊瑚礁

珊瑚人们并不陌生，在许多工艺品商店常把它做成盆景来出售。然而，这些人们平时所见到的珊瑚实际上是珊瑚虫分泌形成的珊瑚骨骼，形状也多种多样，有的像鹿角、有的呈脑状、有的像蘑菇、有的呈树枝状等。仔细观察，在珊瑚骨骼上有许多小孔。在海洋中，每个小孔都居住着一个珊瑚虫。珊瑚虫的身体柔软，外观像海葵，利用口周围的触手来捕食浮游生物。

珊瑚按生活环境分为造礁珊瑚和非造礁珊瑚。造礁珊瑚一般都生活在热带和亚热带浅海区域，而生活在深海的则是非造礁珊瑚。造礁珊瑚的石灰质骨骼能形成坚固的生物岩体，老一辈死去，新一代在上面继续生活繁衍，久而久之，就形成了千姿百态的珊瑚礁。

贝类之冠——砗磲

砗磲有壳贝类中的“巨人”和“寿星”之称。最大的砗磲，壳长可达1.8米，重量可达300公斤，寿命可达80～100年。它的贝壳外面有几条很深的沟，如同车轮在泥泞路面上的车辙，砗磲的名字也由此而来。砗磲的种类较少，有六种，我国西沙群岛均有分布，其中库氏砗磲是我国的一级野生保护动物。在盛产砗磲的海岛，渔民常把它的外壳作浴盆使用。

砗磲生活在热带珊瑚礁间，幼体时壳顶伸出强有力的足丝牢固地粘着在海底的岩礁上，终生不动。它是靠滤食海水中的浮游生物为生。当它的贝壳张开、伸展出五颜六色的外套膜时，非常美丽。

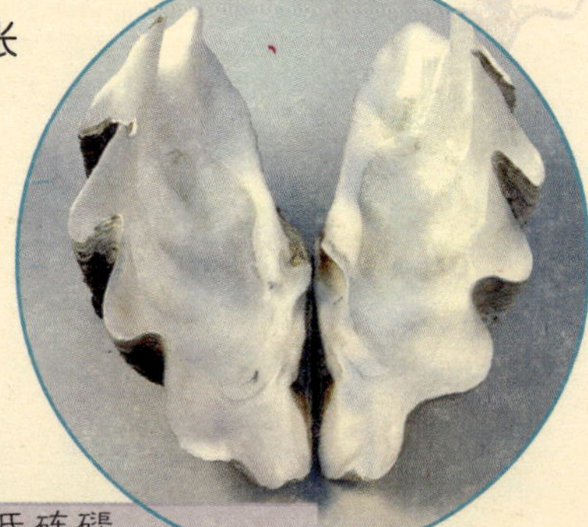
库氏砗磲

求生洄游的对虾

鹦鹉嘴龙："对虾在海洋中是雌雄相伴的吧？"
小海豚："根本不是。在过去，常以'对'为单位，统计劳动成果。又因为对虾的体形较大，我国北方渔民，就以'对'为单位，计价出售，对虾这个名字就这样流传下来了。"

中国对虾

货贝

小词典

货币始祖——货贝

货贝是一种形状小巧、颜色淡黄的小型贝类，壳长只有3厘米左右。可它在人类社会的发展过程中却起过很大的作用，中国和世界一些国家在古代都曾用它来充当货币进行商品交易，其"货贝"的名字就由此而来。而且现在我们所写的"贝"字，也是按照它贝壳的形状创造出来的。

你知道吗？

虾蟹煮熟后为什么体色变红？

平时我们所见到的虾蟹，不同种类有不同的鲜艳色彩。然而，当它们被蒸煮熟后，体色却都变红了。这是为什么呢？原来，虾蟹以及其他甲壳动物之所以有不同鲜艳色彩，是因为在它们的甲壳下面的真皮层中含有各种颜色的色素细胞的缘故。当虾蟹经过蒸煮之后，这些色素细胞中的色素质遭到破坏而发生了变化。而虾蟹动物色素质中，最常见的是"类胡萝卜素"，这些色素质的特点是：遇到高温或酒精时，便分解为一种红色物质（虾红素）和蛋白质而沉淀。所以虾蟹煮熟后，因虾红素的沉淀而显示红色。

鹦鹉螺

你知道吗？

鹦鹉螺还是个"天文学家"呢。科学家对鹦鹉螺研究发现，它的每个小室的壁上，都有生长线。同一地质年代的鹦鹉螺生长线相同，年代越久远，生长线数量越少。距今3亿年前的鹦鹉螺化石上的生长线，只有15条。7000万年前的鹦鹉螺化石上，生长线有22条。现在生活在海中的鹦鹉螺，壳室壁上有30条生长线。这是怎么回事呢？原来鹦鹉螺的生长线数，恰好记录着月亮绕地球一周的日数。说明3亿年前月亮绕地球一周只需15天，而现在是30天，以后也许会更长。

珍贵的鹦鹉螺

鹦鹉螺是具有外壳的头足类软体动物，因其贝壳表面具有橙红色的波状条纹，形如美丽的鹦鹉而得名。它的贝壳背腹旋转，壳内由隔壁分成许多小室，每个小室的壁上都有一条一条的生长线。小室之间由中空的管子串联，靠壳口最外面的一室是它居身的地方，叫"住室"，其余的小室充满空气，叫"气室"。鹦鹉螺可通过调节气室里面空气的含量使身体沉浮于海洋中。

鹦鹉螺因贝壳笨重，活动不便。平时栖息在深海的海底，用触手在海底爬行，有时也用漏斗喷水遨游大海。尤其在暴风雨过后风平浪静的夜晚，喜欢集群漂浮在海面上，但不久又回到海底，所以很少见到活的鹦鹉螺。

活化石——鲎

鲎和虾蟹一样都属于节肢动物，有共同的特征——身体和附肢都分节。只不过鲎的种类较少，分布区域又窄，人们很少见到而已。鲎的外形酷似一把琴，全身分为头胸甲、腹甲、剑尾三部分。头胸甲马蹄形，所以又被称之为“马蹄蟹”。而剑尾则像一把三角刮刀，挥动自如，是鲎防卫的武器。

鲎生活在沙质海底，用附肢和剑尾挖坑，穴居生活，以蠕虫和无壳软体动物为食。在繁殖季节，雌鲎背上驮着比自己小的雄鲎，蹒跚爬到浅水沙滩上产卵繁殖，它们像鸳鸯一样，形影不离，因此，常被誉为“海底鸳鸯”。

小海豚：“你知道吗？鲎的血液是蓝色的。”
鹦鹉嘴龙：“血液不都是红色的吗？”

鲎

小词典

活化石

提起化石，人们往往就会想到已经绝灭了的生物，其实在现代生物界里还存在着一些被誉为“活化石”的生物。那么什么样的生物是活化石呢？这有两种类型：一类是一些生物在远古时期曾出现过，后来失踪了，长期没被人们发现，人们就以为它们已经绝灭了，但后来又被人们发现了，所以就把这些生物称为“活化石”生物，如矛尾鱼。另一类是某种生物在远古时期就有，但时至今日却没有多大变化，仍保持原来的样子，人们也把这类生物称之为“活化石”生物。鲎就属于这一类动物。

考考你

鲎的血液为什么是蓝色的？

因其血液中含有0.28%的铜元素，没有红血球、白血球和血小板，只由单一的细胞组成，所以呈蓝色。

藻中珊瑚——珊瑚藻

没有人不知道珊瑚是动物，但是，珊瑚藻就不一样了。珊瑚藻生活在海洋中，全身充满了钙质，与海洋中的动物珊瑚比，真有几份相像，就连18世纪著名的生物分类学家林奈也极为肯定地说它是动物。但它确实不是动物，而是真正的植物。它的细胞内含有叶绿素，能通过光合作用养活自己。

珊瑚藻

小词典

如何区分动物和植物？

动物和植物的根本区别是植物的细胞内含有叶绿素，能通过光合作用养活自己。而动物则不同，细胞内没有叶绿素，不能进行光合作用，只能通过外来食物供养自己。

产硫酸的植物——酸藻

硫酸是一种强酸，不小心溅到皮肤上会烧伤皮肤。所以，做化学实验时老师总是千叮咛、万嘱咐地说："一定要注意安全。"

硫酸都是用化学的方法合成的，奇怪的是，酸藻在生活时也会分泌硫酸，与它生活在一起的生物常受到伤害，所以，它一向被当作害藻防御。酸藻死亡后"余毒不散"，藻体继续向周围环境释放硫酸。采集标本时，如将其与其他标本同放一个容器内，所有标本都会在短时间内被破坏。

酸藻

石花菜

冰激凌的好原料——石花菜

冰激凌中的重要成分琼胶是石花菜提供的。琼胶是石花菜等红藻特有的多糖，不仅冰激凌中有，许多食物中都有，如果冻、羊羹、酸奶、软糖、果酱、面包、灌肠等。另外，石花菜还能熬制解暑凉品——海凉粉。

小知识

海凉粉如何变琼胶？

1000多年以前，我国民间就用石花菜熬制解暑凉品海凉粉，唐朝后海凉粉的熬制和食用技术传到了日本。而且，300年前的一次偶然，海凉粉变成了琼胶：当时曾有一店主将食用后剩余的海凉粉弃于室外，适值严寒，经数天冻结、日晒，海凉粉干成蓬松状，日本人形象地称它为"寒天"，即今天人们所说的琼胶。

（四）生命环境

湿地展厅

什么是湿地

湿地的定义为：不论天然或人为、永久或暂时、静止或流动、淡水或咸水，由沼泽、泥沼、泥煤地或水域所构成的地区，包括低潮时水深6米以内的海域。湿地被誉为“地球之肾”、“天然水库”和“天然物种库”，有调节气候、调蓄水量、净化水体、美化环境等多种生态系统服务功能。

小词典

1996年10月湿地国际常委会通过决议，宣布每年2月2日为世界湿地日。截止2001年，列入《湿地公约》国际重要湿地名录的中国湿地有21处，其中就有大连国家级斑海豹自然保护区。

你知道吗？

我国有多少湿地吗？

我国现有湿地总面积3848万公顷，占国土面积的3.77%，位居世界第四、亚洲第一。

资料库

湿地中的物种

中国湿地动物种类极为丰富。据专家调查估计，湿地哺乳动物有65种，约占全国总数的13%；湿地鸟类300种，约占全国鸟类总数的26%；爬行类50种，约占全国总数的13%；两栖类45种，约占全国总数的16%；鱼类1040种，约占全国总数的37%和世界淡水鱼总数的8%以上。

生活在湿地的鸟类是湿地野生动物中最具有代表性的类群。国家林业局（林业部）从1995年至2003年组织开展的新中国成立以来首次大规模的全国湿地资源调查表明，我国有湿地鸟类12目32科271种，其中属国家重点保护的鸟类有10目18科56种，属国家保护的有益或者有重要经济、科学研究价值的鸟类有10目25科195种。在亚洲57种濒危鸟类中，我国湿地内就有31种，占54%。全世界雁鸭类有166种，我国湿地就有50种，占30%。

中国湿地还有高等植物1548种，其中被子植物1332种，裸子植物10种，蕨类植物39种，苔藓植物167种。

芦苇沼泽——鹤类的家园

黑龙江省齐齐哈尔扎龙自然保护区，位于温带的松嫩平原的北部，湖泊密布，地势低洼，苇草丛生，鱼虾丰盛，有鸟类230多种，尤其是丹顶鹤等鹤类栖息繁殖的乐园。

世界上有15种鹤，中国有9种，其中有丹顶鹤、白枕鹤、灰鹤和蓑羽鹤等四种在此繁殖；有白鹤和白头鹤两种迁徙时在此停栖。

沼泽湿地与丹顶鹤

我们经常在美术作品中见到丹顶鹤和松树在一起，作为长寿的象征。丹顶鹤是涉禽，生活在沼泽湿地中，而不是针叶林中。它们夏季在黑龙江、青海生儿育女，冬季到东南沿海各省越冬，为国家一级重点保护动物。

丹顶鹤的体型修长、仪态优雅，那朱红色的头顶就是它们得名的原因。

海岸滩涂——水禽的天下

辽宁双台河保护区位于辽东湾顶部，是中国重要的滨海湿地，拥有世界第二大苇田，面积达10万公顷。这里除了为大量的水禽提供繁殖地外，海岸滩涂和沼泽地是水禽在迁徙季节重要的觅食地。在此繁殖的有黑嘴鸥、草鹭、苍鹭、斑嘴鸭和白额海鸥等。在此过境的有黑鹳、白鹳、大天鹅和鸳鸯等。

双台河湿地

黑鹳

黑鹳生活在开阔的森林、湖泊、溪流、沼泽地带，主要以小型鱼类为食，也吃小型爬行类、无脊椎动物。它们体色艳丽，飞行轻快，很受人们喜欢。全国几乎都有分布。由于生存条件的恶化，导致自然种群数量已经很稀少，被列为国家一级重点保护动物。

老铁山自然保护区

老铁山自然保护区——候鸟的驿站

老铁山自然保护区位于大连市旅顺口区南部，为东北亚大陆候鸟迁徙的主要通道和驿站。每年春、秋鸟类迁徙季节，有200多种、上百万只猛禽、鸠鸽和鸣禽类在此停歇，如金雕、虎头海雕、黑尾鸥、黄嘴白鹭、白腰雨燕等。它们稍事休息后，继续南迁的旅程。

金雕是一种凶猛的鸟类，栖息在高山草原、荒漠、平原、河谷和森林地带。主要捕食大型鸟类和兽类，有时也食死尸。分布几乎遍布全国，为国家一级重点保护动物。

金雕

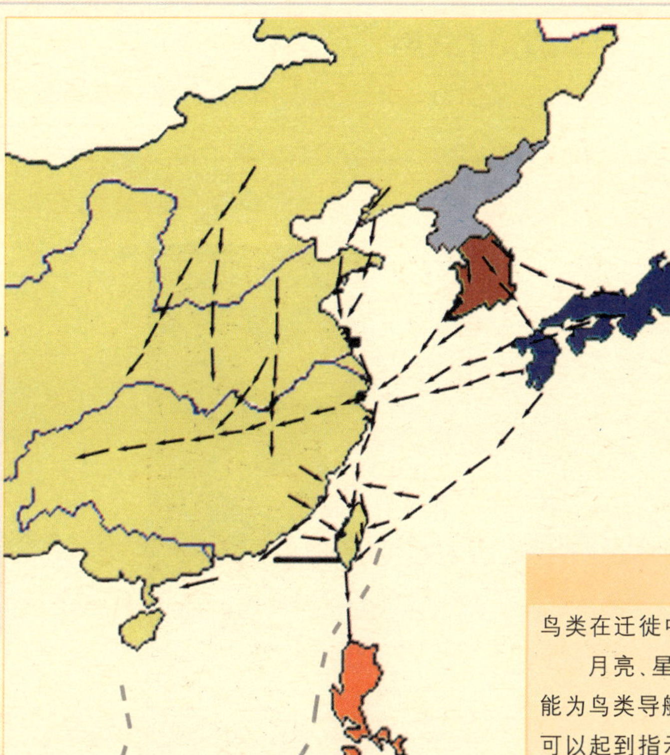

中国鸟类迁徙路线图

鸟类的迁徙

鸟类迁徙是每年两次在出生地或繁殖地和越冬地之间的定期迁居。这一行为是对长期的季节性变化产生的适应，这些变化包括温度、光照和食物等。

你知道吗？

鸟类在迁徙中是怎样回归的？

月亮、星星、太阳，还有地球的磁场都能为鸟类导航。另外，一些明显的标志物都可以起到指示方向的作用。

小词典

留鸟、候鸟和旅鸟

留鸟，是一年到头都留在出生地或繁殖地、不迁徙的鸟。比如，树麻雀、喜鹊等等。因天气、食物等原因而迁往别处的鸟叫候鸟，冬天一般前往温暖的南方，就是这些地方的冬候鸟，夏天就飞到北方繁殖后代，又是北方的夏候鸟。它们在途中的一些地方要休息、觅食，对这些地方来说，它们是旅鸟。

资料库

鸟类迁徙的距离从几百公里到上万公里不等。北极燕鸥是迁徙距离最长的鸟类之一，它在北美地区繁殖，在非洲和南美洲越冬，行程达22530公里。

鸟类迁徙的速度平均在每小时30～70公里。

鸟类迁徙时的飞行高度一般低于1000米，大型鸟类可达6000米。个别种类，如斑头雁可飞越珠穆朗玛峰，飞行高度达9000米。

鸟类的鸣声

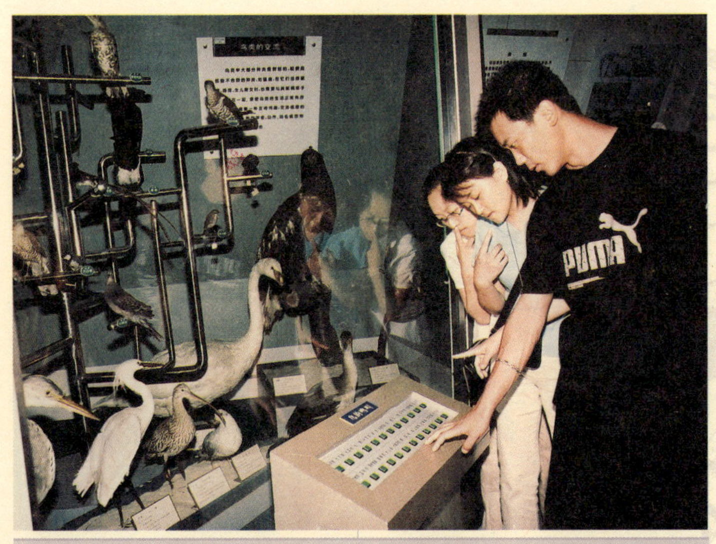

鸟的叫声多媒体

鸟类的发声器官时鸣管，能发出各种各样的鸣叫，是与配偶、子女、同伴交流的途径，也是向敌人示威的手段。大多数情况下，雄鸟能发出美妙的鸣唱，来吸引雌鸟的注意。但也有例外的，彩鹬和瓣蹼鹬的情况就恰恰相反，雌鸟歌声曼妙，雄鸟是个“哑巴”。

有些鸟类还能用其他方法发出各种声音，比如：白鹳的上下嘴能互相磕碰发出敲梆子一样的声音；松鸡的翅膀能发出类似击鼓的声音；扇尾沙雉的尾羽在振动中产生的声音和羊羔的叫声很相似。

什么是生物多样性

世界自然基金会的定义是：地球生命的宝库——无数植物、动物和微生物，它们所包含的基因，以及由它们构成的复杂的生态系统。

生物多样性展厅

鹦鹉嘴龙："我们能为保护生物多样性做些什么事情呢？"

小海豚："咱们首先要从自身做起，爱护环境，不乱捕乱采野生动植物，不吃野生动植物，不穿由野生动物皮毛制作的服装。"

资料库

据统计，全世界每天有75个物种灭绝，每小时有3个物种灭绝。自16世纪以来灭绝的鸟类约150种，兽类约95种，两栖爬行类约80种。

世界物种保护联盟公布的"2000濒临灭绝物种红色名单"中，地球上大约有11046种动植物面临永久从地球上消失的危险，其中包括1/4的哺乳类、1/8的鸟类、1/4的爬行类、1/5的两栖类和近1/3的鱼类。科学家指出，物种灭绝的危机几乎全是由人类活动不当造成的。

小词典

国际生物多样性日

1994年12月29日，联合国大会49/119号决议案宣布12月29日为"国际生物多样性日"。从2001年起，根据第55届联合国大会第201号决议，国际生物多样性日由原来的每年12月29日改为5月22日。

珍稀鸟类介绍

我国是鸟类多样性最为丰富的国家之一。全世界9000多种鸟类中，中国就有1253种948亚种，大大超过美国、俄罗斯、印度，甚至整个欧洲和澳洲的鸟类种数。在大连自然博物馆不仅能看到很多我们国家的珍稀鸟类，还有一些外国的鸟儿呢！

企鹅

生活在南极周围的海洋里，潜水是它们的拿手好戏。在陆地上，企鹅的小短腿走起路来摇摇摆摆，十分可笑。可在水里，长着蹼的脚成为控制方向的舵，让它们能自由自在地游泳潜水。

红脚鲣鸟栖息于热带海洋中的岛屿、海岸和海面上，善长飞翔、游泳和潜水，在陆地上行走也很有力。主要以鱼类为食，有时也吃乌贼和甲壳类。在热带太平洋、大西洋和印度洋中的岛屿上繁殖，我国的西沙群岛就能看到它们的身影，是我国的国家二级重点保护动物。

红脚鲣鸟

多在海边潮间地带及红树林和内陆水域边浅水处活动，吃小鱼、虾、螃蟹、螺类等。现在全世界黑脸琵鹭只有400多只，主要分布在我国、俄罗斯、朝鲜和日本，台湾省台南县是世界上最大的越冬种群栖息地。是国家二级重点保护动物。

黑脸琵鹭

草鸮

草鸮是我们平常说的猫头鹰的一种，也叫"猴面鹰"，是国家二级重点保护动物。眼睛长在头部前面的心形面盘上，这样一来，视野就受到了限制。为了弥补这个不足，它们的头能够左右180度转动，而且脊椎骨也可以弯绕。夜晚出来捕食鼠类、鸟类等小型动物。在国内分布于长江以南的省区。

双角犀鸟

犀鸟生活在热带雨林和亚热带常绿阔叶林中。它的嘴基部长有像犀牛一样的突起，叫盔突，即使这样，它的嘴仍然能灵活地采摘果实、捕捉昆虫、衔泥筑巢。犀鸟还有"闭门育雏"的特性，雌鸟产卵后雄鸟就用泥土把巢封起来，仅留个小孔给雌鸟喂食，等到雏鸟能飞翔时，雌鸟才能踏出家门。

红腹锦鸡

又叫"金鸡",我国特有鸟类,是国家二级重点保护动物。善于奔跑,以树芽、杂草种子和甲虫等为食。它的羽毛十分美丽,常常拿来当作装饰品,古代朝廷官员的官服就用它和其他鸟类的羽毛织成的。

极乐鸟

又叫天堂鸟、风鸟和雾鸟,生活在南太平洋岛国的热带密林中,主食昆虫、兼食浆果等。全世界有40多种极乐鸟,王极乐鸟是其中最出名的一种。王极乐鸟都是"爱情至上"的拥护者,一旦失去伴侣,另一只就会绝食"殉情"。

褐马鸡

是我国特产鸟类。生活在高山密林中,不善于飞翔,但奔跑速度很快,而且快跑的姿势跟马很近似,因而叫褐马鸡。以植物性食物为主,也吃少量动物性食物。分布在河北小五台山、山西西北部和吕梁山地区。国家一级重点保护动物。

吐绶鸡

又叫"火鸡",原产北美东部和中美洲。比家鸡大3~4倍,头颈几乎裸出,生有红色肉瘤,喉下垂有红色肉瓣,羽毛大多为金属褐色或绿色。它们的肉质鲜美,人工饲养后成为西方人餐桌上的佳肴,尤其在感恩节的时候,"火鸡大餐"更是必不可少。

资料库

- **最小的鸟** 产于古巴的吸蜜蜂鸟的体长只有5.6厘米，其中喙和尾部约占一半，体重仅2克左右，其大小和蜜蜂差不多，它的卵也是世界上最小的鸟卵，比一个句号大不了多少。

- **体形最大的鸟** 世界上体形最大的现生鸟类是生活在非洲和阿拉伯地区的非洲鸵鸟，它的身高达2～3米，体重56公斤左右，最重的可达75公斤。但它不能飞翔。它的卵重约1.5公斤，长17.8厘米，大约等于30～40个鸡蛋的总重量，是现今最大的鸟卵。

- **飞行速度最快的鸟** 尖尾雨燕平时飞行的速度为170公里／小时，最快时可达352.5公里／小时，堪称飞得最快的鸟。

- **冲刺速度最快的鸟** 游隼，在俯冲抓猎物时能达到180公里／小时。

- **飞得最慢的鸟** 小丘鹬，速度仅8公里／小时。

- **飞行最高的鸟类** 大天鹅是世界上飞得最高的鸟类，它能飞越世界屋脊珠穆朗玛峰，飞行高度达9000米以上。

- **飞行最远的鸟类** 北极燕鸥是飞得最远的鸟类。它们每年在两极之间迁徙，飞行距离达4万多公里。因为它总是生活在太阳不落的地方，人们又称它"白昼鸟"。

趣　闻

鸟类如何洗澡？

"水浴"：大部分鸟类在整理羽毛之前，都会用水去掉羽毛上的浮屑。它们有的喜欢淋浴，有的则愿意在浴盆中泡澡。

"沙浴"：雉鸡类不爱水浴，却会进行"沙浴"。洗沙浴的时候，它们会在干燥的地面上摩擦身体，让沙砾去掉身上的寄生虫和多余的油脂。

"蚁浴"：雀形目中有200多种鸟喜欢用蚂蚁来洗澡，比如椋鸟、喜鹊、乌鸦等。它们有的啄起蚂蚁在羽毛上摩擦，有的干脆让蚂蚁在自己身上爬，这样可以让蚂蚁分泌的蚁酸驱除寄生在羽毛里的寄生虫。

走进东北森林

在我国的东北有世界上著名的长白山和大、小兴安岭。在这片松软、清香、覆盖着厚厚树叶的黑土地上，生长着高耸浓密的林木，这就是我国重要的天然林——东北森林。茫茫的山地林海为野生动物提供了理想的生息环境，这是大自然赋予所有生灵的最重要的财富和生命的基础。因为森林为生灵们提供了生存的最基本条件——氧气、食物、药材等。在这片奇妙的天地里，生活着无数美丽可爱的动物，它们有着各不相同的外貌和习性。有威风凛凛的森林之王——东北虎；外表憨厚，甚至有些愚笨，实则身手不凡的黑熊、棕熊；个性残忍，然而却极富母爱的狼。每种动物都以自己独特的方式在东北森林这片土地上顽强地生存着。

东北森林展厅

黑熊

生活在山地森林中，独居，主要在白天活动，擅长爬树、游泳，能直立行走。吃多种食物，包括植物、昆虫和小型哺乳动物。整个冬天，在树洞中，不吃不喝，处于半睡眠状态，到第二年3～4月份出洞活动。黑熊是人们比较熟悉的大型兽类。全身黑色，胸部有一“V”字形白斑。

棕熊

生活在森林中，地面活动，不善爬树。通常漫步活动，但也能快速奔跑。常在白天活动，独居。吃多种食物，也捕杀驼鹿、马鹿或黑熊的幼仔，有时下水捕鱼。冬季冬眠。

棕熊是大型兽类，肩部隆起呈肩峰，全身黄棕色至黑褐色；老年熊体呈银灰色；幼年为棕黑色，颈部有一白色领环；通常没有胸斑。

资料库

世界上现存的熊共有7种，大多分布在北半球。按大小顺序排列依次为：白熊、棕熊、美洲黑熊、亚洲黑熊、懒熊、眼镜熊、马来熊。我国有3种：棕熊、亚洲黑熊、马来熊。东北森林中有2种：棕熊、亚洲黑熊。从19世纪到20世纪的不到100年中，就有3种熊因为人类的过度猎杀而灭绝了，它们是北非熊（灭绝于1870年），墨西哥灰熊（灭绝于1964年），勘察加棕熊（灭绝于1920年）。

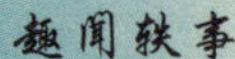

趣闻轶事

谁更绅士

生态学家约翰·穆尔，常在野外考察。一次在山中独行，与一头棕熊遭遇，人熊对视，约翰紧张地握着枪，想着：完了，我要被熊吃掉了。出人意料的是，这头巨兽竟然倒退几步，看了看他，又退了几步，然后，不紧不慢地消失在莽莽山林中。约翰诧异不已，喃喃自语："它竟然没伤我，是我闯入它的家园，可它却绅士般地退避了，不可能是它惧怕我，而是它通情达理"。

东北虎

主要生活在森林和灌草丛生的地方。这些地方，清洁的水源和可猎食的动物比较多，绿色植物也为虎提供了较好的隐蔽处。虎没有固定的巢穴，活动区域特别大，一昼夜可行走50多公里。雄虎占据的领域，比雌虎大，冬季领域比夏季的大。虎属于夜行性动物，晨昏活动最频繁。

虎善于游泳，但不会攀爬。视觉、听觉极为发达。脊柱关节灵活，行走时爪能收缩，没有响声，十分轻巧迅速。

虎主要捕食大型食草动物，如野猪、狍、麝、鹿等。东北虎一次可食肉18～40公斤，饱食一顿可数日不食。

虎是猫科动物中的大型猛兽，体形雄伟；头圆、耳短、尾长，四肢强大有力；体毛棕黄色；通体有黑色狭形横纹，有些部位为双纹；尾尖为黑色。

资料库

世界上现存的虎有孟加拉虎、东北虎、华南虎、苏门达腊虎、印支虎。我国有东北虎、华南虎、孟加拉虎。东北森林中有东北虎。从19世纪到20世纪的不到100年的时间里，就有3个亚种虎从地球上消失。它们是：里海虎（曾分布在阿富汗、伊朗、中国、俄罗斯、土耳其，于20世纪70年代灭绝）、爪哇虎（曾分布在印度尼西亚，于20世纪80年代灭绝）、巴里虎（曾分布在印度尼西亚，于20世纪40年代灭绝）。

你知道吗？

"狼嚎"中的信息

狼喜欢昼伏夜出，经常在黑夜里发出凄惨悲切的嚎叫，这种嚎叫令人胆战心惊，因此人们把狼嚎和鬼哭相提并论，就有了"鬼哭狼嚎"一词。其实，狼在夜晚的嚎叫并不是随便的嚎叫，而是复杂的信息交流系统中的一种。狼在夜晚觅食时，单个狼为了保持彼此间的联系，就以嚎叫的方式互为联系。另外，嚎叫也是为了保持狼群间的相互间隔，狼群各自严守自己的领地。因为它们需要把全部精力用在寻找食物、躲避天灾人祸上，所以它们宁愿用嚎叫而不用搏斗来守卫领地。因此，嚎叫也是一种"禁止靠近"的信号。

狼的一家

生活于森林、草原、冻原、半荒漠、山地丘陵。繁殖季节有巢穴，常数年在同一巢穴抚育幼仔。主要夜间活动。家族群由5～8头组成。狼的嗅觉和听觉都很灵敏，主要捕食有蹄类，也捕食野兔、旱獭等小型动物。

狼身体较粗，和狼狗相似。吻部较尖，口宽阔，耳竖立。尾短直，始终下垂，从不卷起，尾毛蓬松。毛色多为黄灰色或青灰色，尾尖黑色。

趣闻轶事

狼的父母情

每年早春是狼结婚生仔的季节。在森林中的草地上，雄狼之间常因为争夺雌狼而追逐格斗，只有胜利者才有和雌狼结婚的权力。别看平常狼喜欢孤寂一身，离群索居在某个洞穴，但当母狼怀孕产仔时，雄狼则一定要陪伴着它的妻子，一对伉俪，两情眷眷，耳鬓厮磨。虽然，雄狼偶尔也有夜不归宿的情况，可它绝不是背着妻子去干别的，而是在夜里为小宝宝们觅食。刚生下的狼宝宝十分虚弱，睁不开眼睛，它们依偎在狼妈妈的怀里，要吃七个星期的奶。前三个星期，狼妈妈和它的孩子们形影不离，狼爸爸在外面拼命捕食，吞下尽量多的肉，以便回家再吐出，给狼妈妈充饥。从第四个星期起，小狼不仅吃奶，也要吃肉了，坐月子的狼妈妈就和狼爸爸一起外出觅食，吐给小狼饱餐。吃饱了的小狼在洞里任情嬉戏，狼夫妇对小宝宝娇纵至极。

一次狼夫妇外出觅食，一个猎人找到狼洞，把几个小狼抱走。母狼回来后发现它的宝宝不见了，气急败坏，寻着气味直奔猎人住地，不顾一切地冲入畜群，准备大开杀戒，直到狼宝宝被放回。如果狼宝宝平安，三个月就长大了。此时狼爸爸和狼妈妈要带狼宝宝们一起捕猎，狼宝宝们渐渐有了自食其力的本领。入冬时，狼宝宝离开父母开始独立生活。

驼鹿

驼鹿是世界上体型最大的鹿，体长200～260厘米，雄鹿体重200～400公斤。高大的身躯很像骆驼，肩部高耸像骆驼背部的驼峰，故而得名。驼鹿生活在寒温带的原始针阔叶混交林中，从不远离森林。它的角也是鹿中最大的，角多呈掌状分枝。

马鹿

马鹿是大型鹿类，喜欢群居，善于奔跑和游泳。生活在高山森林或草原地区。雄性有角，一般分6叉，最多8个叉。通体呈赤褐色。

小词典

鹿茸

每年的4月中旬，雄梅花鹿的旧角脱落，然后再长出新角。新角质地松脆，还没有骨化，外面包裹着一层棕黄色的天鹅绒般的皮，皮里密布着血管，这就是著名的鹿茸。

驯鹿

驯鹿生活在亚寒带针叶林中，主要在白天活动。一般是褐色或灰色。雌雄都有角。

梅花鹿

梅花鹿在所有鹿类中是最美丽的。梅花鹿生活在森林边缘或山地草原地区。成体和幼体夏毛棕褐色，遍布鲜明的白色梅花斑点，故称梅花鹿。

卵生的哺乳动物——鸭嘴兽

鸭嘴兽因为嘴形似鸭嘴而得名，是现存最原始的哺乳动物之一。成体无齿，足有蹼，体表披毛，变温动物。居住在河川、湖泊堤边，挖洞筑巢产卵，无乳头，乳汁由母亲的腹部渗出，哺育幼兽。它是从爬行动物进化到哺乳动物的过程中出现的一种动物，是世界珍奇动物。

幼鸭嘴兽正在舔吸乳汁

趣闻轶事

1880年，当第一件鸭嘴兽标本在伦敦露面时，在场的科学家们由于不了解它，而不相信世界上还有这样的动物，认为是人工拼成的怪物。

针鼹及其地下宫殿

毛发如刺的针鼹

针鼹与鸭嘴兽都属于单孔目动物，即大小便和卵都从同一个孔排出体外的动物。针鼹比鸭嘴兽进化，不坐巢孵卵，而是将1～2枚卵产在母体的下腹部的育儿袋中进行孵化。

针鼹生活在干燥草原及森林。体表披棘刺，棘刺末端可以释放毒素，是防身武器。

身披铠甲的哺乳动物

小海豚:“穿山甲一次可以吃掉10万只蚂蚁呢!”

穿山甲

头、身体、尾巴和腿都覆盖着大而平的角质鳞片,这些鳞片是从茸毛演化而来的,象屋瓦样排列。这种没有牙齿,喜吃蚂蚁的哺乳动物,用它们长而粘的舌头把蚂蚁吃进肚里,然后在胃里将食物磨碎。当它们遇上麻烦时,就将身体团成一团,然后用宽宽的尾巴盘住脑袋。中国古代战士的盔甲就是仿效穿山甲设计制作的。

九绊犰狳

全身覆盖鳞片,甚至连尾巴上都有。当遭到攻击时,将背拱起,保护柔软的腹部;或挖洞躲藏。

抵御风雪的极地动物——北极熊

在烈风吹袭的北极海岸上,北极熊是最大、最凶猛的食肉动物。在陆地上,除人类外,没有动物敢攻击它。

北极熊主要吃海豹,也吃鸟卵、海草,甚至捕食鲑鱼。冬季,海豹在冰上留着一些通气口。北极熊凭嗅觉找到海豹的通气口,耐心地等待海豹探出头来呼吸,一掌击中海豹头部;有时在出猎前,先把周围其他洞口堵上。

北极熊

资料库

北极熊抗寒的秘密

北极熊有厚厚的皮毛,每根毛的中间是空的,空洞中间又有一根细蕊,细蕊能吸收紫外线。北极熊的皮毛能将照射在身上的太阳紫外线转化为热能,热效率高达95%。这种构造适于保温。其次,北极熊的食物主要是海豹,含有丰富的蛋白质和脂肪,营养价值极高。另外,北极熊生活的雪洞,洞内温度比周围环境高出十多度。

从水生到陆生的两栖动物

两栖动物展示

两栖动物起源于距今约3亿多年前的泥盆纪末期，是由古总鳍鱼的真掌鳍鱼进化而来。它们是最先适应陆地上生活的脊椎动物，是其他陆生动物的祖先。两栖动物在发育过程中都经过变态，幼体适于水栖，用鳃呼吸，成体多栖于陆上，一般用肺呼吸，故称为两栖动物。

两栖动物是脊椎动物中种类和数量最少，分布比较狭窄的一个类群。现生的两栖动物约有4000种，中国有300余种。

鹦鹉嘴龙："只要是既可以在陆地上生活又可以在水里生活的动物就是两栖动物吧？"

小海豚："不是的，乌龟、企鹅、海豹就分别属于爬行动物、鸟类、哺乳动物。两栖动物的受精和幼体发育都是在水里完成的。"

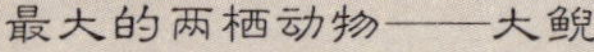

最大的两栖动物——大鲵

大鲵，又称"娃娃鱼"，是现存最大的两栖动物。最大可达90厘米长、90公斤重，寿命可达50岁。中国仅有1种，分布于湖南、湖北、贵州等省区。生活在海拔100～1200米以下的山区溪流中，尤其喜欢生活在水质清凉、水流湍急及多孔洞的岩石山涧溪流之中，摄食蛙、蟹、螺、鱼等水生动物。大鲵是国家二级保护动物。

具有羊膜卵的爬行动物

最早的爬行动物出现于距今约2亿多年前的上石炭纪，由古两栖类动物演化而来。爬行动物形成的标志是羊膜卵的出现，这是生命演化史上的又一次飞跃。羊膜卵的出现，彻底解决了脊椎动物对水的依赖，成为能适应陆地生活的动物。

爬行动物分布极广，除极寒冷地区以外，世界各地均有分布。我们常见的爬行动物包括蜥蜴、壁虎、鳄鱼、龟、鳖、蛇等。现生的爬行动物约有6000种，中国有310种左右。

蛋壳
卵黄囊
羊膜
胚胎
羊膜腔
尿囊
绒毛膜

羊膜卵的结构

鹦鹉嘴龙："我的家族也是爬行动物啊！"
小海豚："是的，中生代的时候，是你们统治世界。但到了白垩纪，你们遭到了毁灭性的打击，已经灭绝了。"

爬行动物展示

小词典

羊膜卵

羊膜卵的主要特点是在胚胎发育过程中产生羊膜、绒毛膜、尿囊膜。羊膜腔内充满了羊水，使胚胎具有水域环境，保证了胚胎发育。

世界上最大的蛇——蟒蛇

最大的蟒蛇是产在南美的水蟒，可达11米长。中国产的蟒蛇一般只有5～7米。蟒蛇捕食时，用粗壮的身躯把猎物缠死，再囫囵吞下。蟒蛇腹部有后肢脚爪的痕迹，这表示它是从像蜥蜴一样的动物演化而来的。蟒蛇是国家一级保护动物。

蟒蛇

资料库

蛇类有2700多种，是爬行动物中非常成功的一族，除了最冷和最高的地区以外，到处都有它的踪迹。从体长不过13厘米、粗不过鹅翮的盲蛇，到身长11米、体重达300多公斤的巨蟒，大部分都善于游泳和爬行，行动十分敏捷，有几种蛇在灌丛中或崎岖不平的地面上比人跑得还快。

身穿“马甲”的海龟

海龟是指生活在海里的龟，个体都比较大，大者可达2米。它们身披龟甲，身体呈流线形，四肢呈桨状，适应海洋生活，以虾、蟹、鱼和海藻等为食。

棱皮龟

海龟

玳瑁

中国现存的唯一一种鳄鱼——扬子鳄

游弋在长江流域被誉为“活化石”的扬子鳄，是中国特有的珍稀野生动物，是国家一级重点保护野生动物。它经历了沧海桑田，顽强地生存了2亿个春秋，其习性与已经灭绝了的恐龙有很多相同点，为研究恐龙提供了参考。值得庆幸的是人工繁殖扬子鳄已获得成功，使得这一珍稀物种的生存和繁殖成为可能。

扬子鳄

小词典

龟被人类视为最长寿的动物之一。它们身披龟甲，用以保护肌肉及内部器官；四肢粗壮而行动迟缓；脚形因适应生活环境而不同。龟分布在世界各地，依其栖息地分为陆龟、淡水龟和海龟三类。一般来说，龟不具有攻击性。

小词典

鳄类是现存最大的爬行动物，分布在热带亚热带地区。所有的鳄鱼都适应陆上和水中生活。它们有四条强劲的腿用来在陆地上爬行，一条用于游泳的有力尾巴。鳄类是典型的肉食动物。

无处不在的昆虫

昆虫是动物界中最成功的一个大类群。它们无论在数量上，还是种类上都是惊人的，远远超过了其他动物种类和数量之和。目前，已知昆虫种类约有100万种，号称“百万大军”是名副其实的。在生物的进化过程中，早在3.25亿年前，在爬行动物、鸟类和哺乳动物还没有飞上天的时候，昆虫已经借助自身强有力的翅膀翱翔在蓝天上。除了在海洋，昆虫的种类和数量受到了限制之外，无论是陆地环境，还是淡水中，昆虫都有着无与伦比的适应能力。

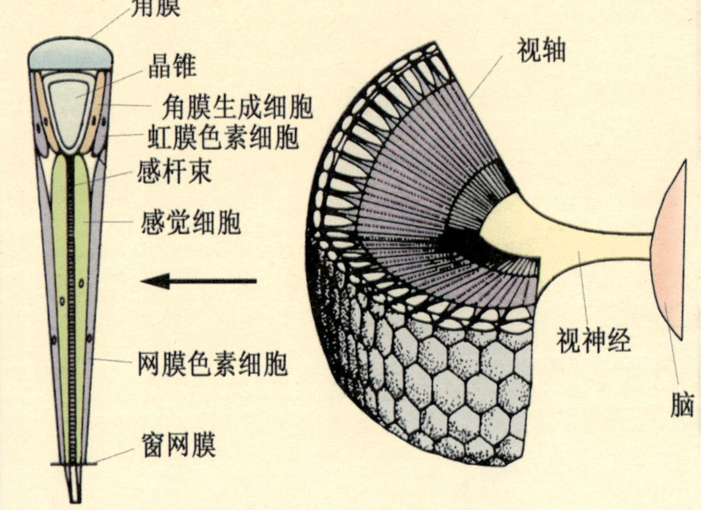

昆虫的复眼

小词典

复眼

复眼是昆虫的主要视觉器官，由许多小眼组成，每个小眼呈六角形，聚集在一起的小眼像一个大凸透镜。小眼越多，视力越强。家蝇有4000多个小眼；凤蝶有17000个小眼；蜻蜓有20000多个小眼。复眼不仅能分辨近处物体的影像，而且能分辨运动的物体，并对光的强度、颜色等有较强的分辨力。

鹦鹉嘴龙："昆虫为什么会成为这样一个大家族呢？"

小海豚："因为昆虫有着优于其他动物的六大特性，包括体型小、能飞翔、惊人的繁殖力、食物来源广、对环境的变化有很强的适应性和多变的自卫本领。"

昆虫结构

资料库

昆虫之最

玉米螟可以忍受零下80摄氏度的低温而不被冻死。

1只白蚁蚁后一生能产5亿粒卵。

蜻蜓在追捕猎物时，每秒钟飞行速度可达10～20米，相当于每小时70公里。

最小的昆虫是一种缨小蜂，只有0.21毫米。

最长的竹节虫体长达330毫米。

触角最长的昆虫是长角灰天牛，触角长75毫米，是体长15毫米的5倍。

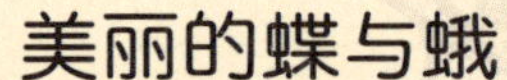

美丽的蝶与蛾

蝶与蛾属于鳞翅目昆虫，体表及膜质翅上都披有覆瓦状鳞片和毛。全球已知约有17万种，蝴蝶占1/10。蝴蝶以其绚丽的色彩和婀娜的舞姿，早已成为忠贞爱情及和平的象征，是浪漫的代名词。多数蛾虽然不吸引人的注意，但其大小、形状和色彩纹理的多样，和蝴蝶同样引人入胜。

展厅中的蝶与蛾

金斑喙凤蝶

中国特有珍稀蝶类，分布于海南、广东、福建等地。

你知道吗？

琥珀昆虫是怎样形成的？

松柏科植物在生长旺季，由于营养过剩，便从针叶的端部、鳞茎的裂缝处，渗出黏而透明的松脂来，并垂落到地面，埋入地下，日久天长，成为琥珀化石。当松脂向下滴落的一瞬间，遇到正好路过或休息或飞舞的小虫，松脂便把它包埋起来。当松脂凝成固体时，就成为极其珍贵的琥珀昆虫了。

小词典

蝶与蛾的区别

蝶的触角为棒状，末端膨大；蛾的触角形式多样，呈丝状、栉状或羽毛状。蝶的翅多大而圆，腹部多纤细；蛾的翅大小、形状各异，腹部多数粗壮。休息时蝶的两翅竖立在背上；休息时蛾的翅平叠在背上；而且蝶白天活动，蛾多夜间活动。

鸟翼凤蝶

采自印度尼西亚塞兰岛

鬼脸天蛾

胸部背面有似脸形斑纹，面目狰狞好似"鬼脸"，故而得名。

多尾凤蝶

前翅具有7条黄白色的波纹状细纹

数蛱蝶

后翅有形象的"89"数字斑纹，蝴蝶爱好者从其身上发现了0～9的数字。

乌桕大蚕蛾

蛾类中最大的种类,飞行时与小鸟相似。

枯叶蛱蝶

著名的拟态昆虫。休憩时,它前后翅合并,与阔叶树的枯叶极为相像,连枯叶上的主脉、次脉和霉斑都模仿得惟妙惟肖,混迹于枯叶堆中,很难发现。

动物界中最大的一族——甲虫

甲虫有30多万种，是动物界中最大的一族。现生昆虫中，每3只昆虫就有1只是甲虫。小的甲虫仅有0.25毫米，而热带的巨型甲虫有180毫米。甲虫的一个显著特征，就是有一对厚而坚硬的前翅，即鞘翅。大多数甲虫是植食性的，但也有许多腐食性和捕食性的种类。所有甲虫都经过从卵、幼虫、蛹到成虫的完全变态过程。

拟扁锹甲，稀有甲虫。分布于中国、日本和朝鲜半岛。

厚帕大锹甲，被称为“森林之魔”。中国除西藏、新疆、东北、河北、内蒙古以外，均有分布，是有名的宠物甲虫。

中国库光胫锹甲，分布于亚洲东南部山地森林。(图为大、中、小及雌虫并列比较)

培拉玛新锹甲，只在海拔1000米左右的原始森林中可见。

金缘蓝紫大步甲，蓝紫色，产自朝鲜天摩山。

咖啡巨犀金龟，夜间在热带丛林中活动，它飞行时产生的巨大声音，会让人有种惊异感。

植物界的构成

现存地球上的植物约30多万种，包括藻类植物、苔藓植物、蕨类植物、裸子植物和被子植物。其中，被子植物的数量最多，有26万多种；裸子植物的数量最少，只有900种左右。

天然蓄水器——泥炭藓

泥炭藓是最出名的苔藓植物，它形成的泥炭是肥料，也是燃料。它还是天然蓄水器，具有很强的吸水力，能够把环境中的水分吸收、积累起来，吸水量相当于自身重量的10～20倍。为此，生产上用它来铺苗床，应急时用它代替药棉。

考考你

哪类植物最低级？

哪类植物最高级？

泥炭藓

你知道吗？

泥炭藓生长地为什么易成沼泽？

泥炭藓具有很强的吸水、储水能力，能把环境中的水分吸收、积累起来，吸水量相当于自身重量的10～20倍，天长日久，生长地就变成了沼泽。

蕨类植物中的大个子——桫椤

桫椤树干高达8米，直径20厘米左右，簇生在树干顶端的大型羽状复叶好似一把撑起的巨伞。与现今蕨类植物相比，它可谓鹤立鸡群，因为绝大多数同门兄弟都是个子不高、身体柔弱的草本。但与恐龙时代的蕨类植物相比，它就是小巫见大巫，因为在恐龙时代高30～50米、主干粗2米的蕨类巨树比比皆是。

桫椤

小词典

水松全身都是宝

水松喜欢生长在水洼地里，是固堤植物，也可作防风植物或庭院观赏植物。木材轻软，耐水湿，是造船、桥梁、水闸板的好材料；根材比木材更轻软，是做救生圈和瓶塞的好材料；树皮和球果可提炼栲胶；枝、叶和果可药用。

植物界的遗老——水松

水松是我国久已闻名的古老树种，也是世界水松化石的孑遗。在白垩纪和新生代时，水松在北半球曾经十分繁盛；到冰河期以后，发展到中国；如今，水松只在中国的华南地区有自然分布。

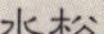

水松

比大熊猫还珍贵的植物——普陀鹅耳枥

在我国浙江省舟山群岛普陀岛佛顶山上，有一种叫普陀鹅耳枥的树木，引起了科学家的注意，它比动物界的大熊猫还珍贵，全世界仅存一株。为了防止这一物种消失，我国对其采取了保护措施，不但将其列为国家一级保护植物，还在植物园内进行引种试验。值得庆幸的是，杭州植物园的引种试验已获初步成功，这对普陀鹅耳枥这一珍稀物种的保存有着十分重要的意义。

普陀鹅耳枥

鹦鹉嘴龙："生命世界真是太大了，我只是在地下呆了1亿多年，就有这么大的变化，真是不可思议啊！"
小海豚："你看到的只是生命世界的一部分。如果从30多亿年前有生命以来就开始漫游，你还要花费很多时间，你还会遇到很多新奇的故事，你还会遇到很多生物。"

博物馆留给人们最直观的印象，就是在对外开放的展览中展出的展品。然而却很少有人知道，这些展品是从哪里来的，是如何制作和修复的，又是怎样收藏和保管的；展览是根据什么设计的，展览作业的流程如何安排；博物馆工作人员平时都做些什么等等。让我们一起看一看博物馆幕后的工作吧！

三、自然博物馆幕后的故事

自然标本的采集用具

自然标本主要包括植物、动物、古生物、岩石和矿物等，这些标本的采集主要是在野外进行的。因此，事先必须做好准备，包括确定人员、制定计划、准备工具和携带药品等。

采集用具包括采集工具、处理和保护用品、运输用的容器、记录用品等。

采集工具根据不同的标本对象而不同，如果是水生生物，要用船只、网具、潜水用具等；如果是陆生生物，尤其是森林采集，要配备越野车辆、猎枪、指南针、GPS定位系统等。

处理和保护用品主要是药品，包括薄荷脑、硫酸镁等麻醉药品和酒精、福尔马林等保存药品。

运输用的容器则根据标本的大小，事先准备好，有标本瓶、标本夹及特殊器皿，再用标本箱盛装。鲜活标本要笼装，剥制标本要有冷冻设备。

记录用品包括照相机、摄像机、记录本、标签、生物测量卡、动植物名录检索表等。

小海豚："这只是我们所看到的标本采集工作的第一步。"

你知道吗？

生物标本的制作方式有多少种？

生物标本的制作方式有：剥制标本、干制标本、浸制标本、压制标本、包埋标本、骨骼标本、铸型标本和塑化标本等。

采集昆虫的一般方法

采集昆虫要根据各种昆虫的习性、生活场所的不同，利用虫网、诱虫灯、吸虫管、接虫盘等工具在它们飞翔、游泳或爬行时捕捉；设置陷阱、用腐烂水果、异性等诱饵诱捕昆虫也是一个好方法；利用某些昆虫有假死性，振动树枝或灌丛，也会有意外收获。

展翅板上正在展翅的蝴蝶

试一试

制作蝴蝶标本

蝴蝶标本通常采用针插展翅的方法制作。所用工具有昆虫针、展翅板（用苯板中间挖一道沟即可）、镊子、玻片、纸条等。捕获的新鲜蝴蝶可以马上展翅，而干燥的蝴蝶要先软化后，才能展翅。将虫体放在开水壶的壶嘴处，利用水蒸汽，蒸十几秒即可还软。

制作时，左手捏住还软蝴蝶的胸部，根据蝶的大小，选择合适的昆虫针，从蝶的胸背部垂直插入，并在虫体背上留8～10毫米的针头。然后将蝶插到展翅板的沟槽里，将虫体沿沟槽摆正，用镊子撑开翅，使之平展，先用玻片将右翅压住，用针或镊子将左侧的前后翅由基部向前拉至前翅的后缘与沟槽垂直，用纸条压住后用针固定。同样的方法将右翅展好。将触角呈倒“八”字摆平。旁边插好标签，避免混乱。将展好翅的蝴蝶标本，放在通风背阴处，晾干或用电吹风对着标本吹3～4分钟，完全干燥后取下标本，插好采集标签，一件漂亮的蝴蝶标本就呈现在你面前了。

骨骼标本的制作

要想制作出一具完整的骨骼标本，首先要从解剖开始。解剖时，先将各部位骨骼肢解，取得材料。要尽量清除附着在骨骼上的肌肉，剔除不需要的软组织，并保证不损伤骨组织，不丢失小块骨骼。

鸟类骨骼标本

其次是进行骨骼处理。骨骼处理的目的是把骨骼制成干骨，以便长久保存。由于骨骼富含油脂，所以必须经过脱脂处理，常用“煮制法”，就是利用药物加水煮制、除去软组织、达到脱脂漂白效果的方法。煮制时，要加入碳酸钠，使碱的含量从1%～0.1%煮制多次，水洗晾干。再用汽油、酒精、丙酮等有机溶剂浸泡，大型骨骼需要几个月。再用过氧化氢等漂白剂漂白即可。

再次是把处理好的骨骼，按照原来的自然位置，串连成整体骨骼标本。串连时，用钢筋、镀锌铁丝、螺丝、骨骼胶等固定，制成各种形态的骨骼标本。

鹦鹉嘴龙：
“哇，这么复杂啊！”

小海豚：“要组装鲸的大骨架更不容易，许多骨头重量惊人，几个人根本抬不动，得用升降机，而且必须使用钢梁才能固定。”

库房标本是如何管理的

对于大多数博物馆来说，你所看到的展出的标本，只是库存标本的一部分，大量标本都存放在库房里。大连自然博物馆馆藏标本近20万件，而展出的还不到1万件。

标本采集来后，要有专业研究人员对其进行鉴定。标本制作完成后，要交给库房保管人员，进行下列操作：

1、接收：清洁、消毒等。

2、登记：分类、分级、编号、收集采集记录、照相、建立档案等。

3、录入：将基本信息录入计算机管理系统。

4、入库：排架、上架等。

5、保管：通风、空气调节、温度湿度调节、防虫防尘、防自然损坏等。

鹦鹉嘴龙：“这么多标本，怎么管理啊！”
小海豚：“你不知道，现在都是计算机管理了。”

库房一角

小词典

导致标本变质的因素有很多，除人为因素外，自然因素主要是气候、光和生物。影响气候的因素主要有温度和湿度、空气的纯净度和均质度。温度本身对标本的影响，取决于它与湿度的关系，理想的温度为16～18℃左右的低温，湿度应保持在55%～65%之间。

怎样挖掘化石

古生物学家最先做的事情是，要在可能有化石的地方搜寻化石。然后，用铲子、刷子、凿子和泥刀来挖出化石。如果岩石非常坚硬，还常常需要动用电钻，在岩石里切割出一道深沟，让化石脱离出岩石。最后，在化石下面挖通，以便挖下整块化石。

在搬移化石之前，科学家们要先画出产地的详细地图，并标出每块化石的确切位置，以便研究用。为了使化石不受损坏，还要在化石周围包上锡箔或湿报纸，再用石膏或粗麻布包裹起来，以便在搬到实验室的过程中保护它。

研究鸟类迁徙的方法

鸟类环志是利用各种鸟类标记手段，在鸟类繁殖地、越冬地和迁徙中途停歇地对鸟类进行标记，然后根据获得的标记研究鸟类的生活史、种群动态的一种方法。

鸟类迁徙示意图

卫星监视

在上世纪80年代，鸟类学家利用卫星遥测系统，通过安装在鸟儿身体上的小型发射器，追踪它们的位置。这些发射器重量很轻，不会防碍鸟类的正常活动。

资料库

1899年，丹麦教师马尔顿逊最早开始鸟类环志。他用有编号和地点的铝环套在欧椋鸟脚上，放飞后研究鸟类迁徙。此后许多国家开展了环志研究。德国1903年，英国、俄国1909年，美国1920年，日本1924年，澳大利亚1953年等。我国鸟类环志中心是在1982年10月成立的，并在1983年6月首次对青海省青海湖鸟岛自然保护区的斑头雁、渔鸥进行了环志。

恐龙的发掘

取出前用石膏固定化石

研究海洋哺乳动物

目前我们对海洋哺乳动物的知识仍十分有限，因为它们大都生活在远离陆地的大洋中，而且大部分时间都呆在海面以下，研究起来十分困难。

早期的研究大都靠解剖尸体获得，现在科学家们可以不伤害动物就能进行观察研究了，望远镜、摄像机、卫星追踪器、水底麦克风等仪器，帮助我们进行更好的研究。许多海兽人们很难近距离观察，有些种类几乎无法通过天然斑纹来分辨个体，在这种情况下，科学家采用人工装置来做标签，如卫星发射器就是技术最先进的标签，能将信号传给绕行地球的人造卫星，然后再将信号传回地面接收站。有了这样的标签，科学家就可在茫茫大海里观测海兽的行踪了。

小词典

座头鲸的身份证

座头鲸尾鳍腹面具有独特的黑白花纹，颜色从纯白到墨黑都有，就像人类的指纹一样，是座头鲸天然的身份证。现在已有数千头座头鲸的花纹记录在案，科学家们可以连续的追踪某只特定的座头鲸，以研究它的行为。每当科学家发现座头鲸时，便可核对档案，看看这头座头鲸是否已经列入记录。

DNA指纹

DNA是生物体内的遗传物质，通过分子生物学技术，科学家可以从血液和小块组织提取动物的DNA，对其进行分析后所得的结果称为“DNA指纹”。它就像商场里商品的条形码，可以用来鉴别动物个体和亲缘关系，如判断是否为另一动物的父母或姊妹。

多媒体示意图

展览是怎样做出来的

一个展览从设计到制作，一般要1年左右时间，涉及到不同的专业、人员和工作部门，要用到多学科专业知识，包括生物学、生态学、分类学、教育学、心理学、美学、工艺学、传播学、博物馆学等，是一个极其复杂的创作过程。

作业流程大致包括以下几方面：

1、确定主题：确定展示的主题思想。

2、内容设计：设计结构、选择展品、编写脚本等。

3、形式设计：展品平面和立面布置图、主导展品效果图、灯光和色彩的设计、材料的选择等。

4、制作与安装：按设计进行施工。

鹦鹉嘴龙：“博物馆工作人员要做这么多工作，太辛苦了！这次漫游，我学到了很多以前我没有接触到的东西，更关键的是，激发了我的思考。真遗憾没有早一点儿到这里来，我一定会再来，并且叫我的同伴也来长长见识。”

小海豚：“那好啊，如果你的同伴也来，我还给你们当导游。”

东北财经大学
西尖山
水产学院
汽车站
黑石礁街
中山路
星海公园
海水浴场
西工街
四川街
西村街
大连自然博物馆

四、大连自然博物馆导航

联系方式

单位：大连自然博物馆

地址：中国·大连市沙河口区石礁西村街40号

邮编：116023

电话：0411-84661108

0411-84691290

0411-84675544（总机转）

传真：0411-84661108

网址：http://www.dlnm.org

E-mail:dlnm@dlnm.org

开馆时间：夏季8:30-17:30

其他9:00-16:30

乘车线路：23路、28路、406路、202路、523路、801路、901路、502路、528路、531路公交车

Open hours: Summer 8:30-17:30

Others 9:00-16:30

Bus lines: Bus No.23, 28, 406, 202, 523, 801, 901, 502, 528, 531

你知道大连自然博物馆在哪里吗？博物馆内有什么设施？怎么去？什么时间开放？怎样联系吗？

地理位置

大连自然博物馆坐落在大连市黑石礁公园内，东侧与星海公园相连。

China

大連自然博物館

DALIAN NATURAL HISTORY MUSEUM

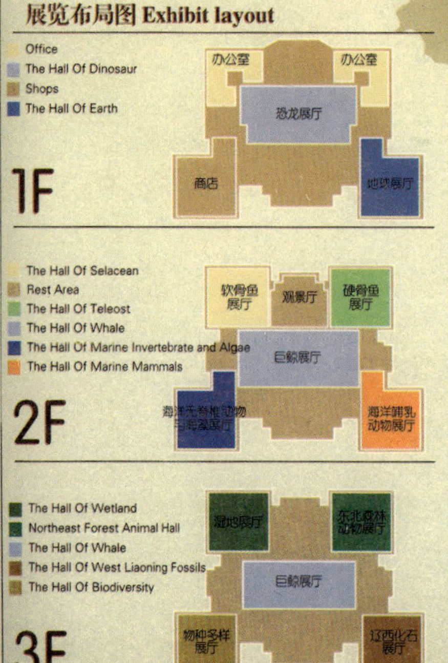

海域基地

商店

语音自动导览系统、多媒体触摸系统

教育服务设施

博物馆内除有十多个常设展厅外，还有多功能报告厅、语音自动导览系统、多媒体触摸系统、商店等。博物馆还拥有可以采集海洋生物标本和观察海洋生物行为的海域基地。

多功能报告厅

主　　编：孟庆金
编　　文：孟庆金 刘金远 高春玲 孙　峰
赵永波 胡玉晶 张淑梅 黄文娟
李　梅 程晓冬 牟艾君
插　　图：刘勤学 王署杭 程晓冬
责任编辑：李　睿
美术编辑：刘洛平
责任印制：王少华
封面设计：三木工作室
制　　作：史维平

图书在版编目(CIP)数据

大连自然博物馆/孟庆金编.-北京:文物出版社,2005.5
(带你走进博物馆丛书)
ISBN 7-5010-1724-7

Ⅰ.大... Ⅱ.孟... Ⅲ.自然历史博物馆-简介-大连市
-青少年读物 Ⅳ.N282.313-49

中国版本图书馆CIP数据核字(2004)第141826号

大連自然博物館

孟庆金　编著

文物出版社出版发行
(北京五四大街29号)
http://www.wenwu.com
E-mail:web@wenwu.com
文物出版社印刷厂印刷
北京华夏文博图文制作中心制版
新华书店经销
880×1230 1/24 印张:4.5
2005年5月第一版　2005年5月第一次印刷
ISBN 7-5010-1724-7/N·2　定价:25元